安全你我他

安全文化理念系列

# 电力安全
# 心理评估研究

国网湖北省电力有限公司　编著

中国电力出版社
CHINA ELECTRIC POWER PRESS

## 内容提要

本书从我国电力行业安全生产的实际需要出发，以人因事故与安全行为科学等理论为基础，结合国网湖北省电力有限公司的实际调研情况，对电力安全心理评估研究成果进行了总结。本书不仅对电力行业的安全心理进行了理论层面上的论述，而且还落实到了实际操作层面，开发了安全心理预警测评系统，构建了安全心理的胜任力模型，同时结合大量实地调研，对电力一线员工进行了深度的心理分析，对整个电力行业的安全心理评估研究具有重要的现实意义和操作价值。

**图书在版编目（CIP）数据**

电力安全心理评估研究 / 国网湖北省电力有限公司编著 .—北京：中国电力出版社，2020.1
ISBN 978-7-5198-3674-0

Ⅰ.①电… Ⅱ.①国… Ⅲ.①电力安全－心理测验－研究 Ⅳ.①TM7

中国版本图书馆 CIP 数据核字（2019）第 282212 号

出版发行：中国电力出版社
地　　址：北京市东城区北京站西街 19 号（邮政编码 100005）
网　　址：http://www.cepp.sgcc.com.cn
责任编辑：唐　玲（010-63412722）
责任校对：黄　蓓　朱丽芳
装帧设计：张俊霞
责任印制：钱兴根

印　刷：北京瑞禾彩色印刷有限公司
版　次：2020 年 1 月第一版
印　次：2020 年 1 月北京第一次印刷
开　本：787 毫米 ×1092 毫米　16 开本
印　张：12.25
字　数：179 千字
定　价：50.00 元

## 编写组

**主　编：** 孙双学

**副主编：** 戴正清

**成　员：** 易　成　汤　权　刘　宽　刘颖彤　夏　明　戴　吉　王文钰　梅　静　吕　娜　张　凯　王婧一　柏石倩　陈情文　黄韵瑾　王妍懿　刘文文　刘　琳

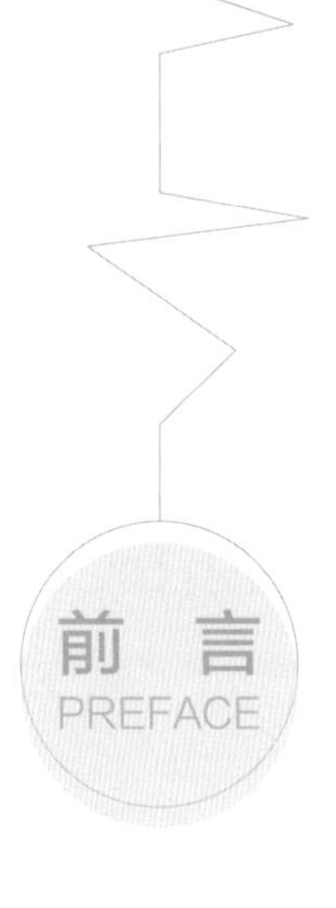


安全是人类最重要、最基本的需求，是民生之本、和谐之基，更是人民生命与健康的基本保证。在人类的生产、生活中，安全生产始终是各项工作的重中之重。随着科学技术的进步发展，我国企业生产管理系统的硬软件功能性及稳定性日益优化，安全工器具可靠性逐渐加强，而在安全生产环节上，因人为因素导致的事故问题渐渐凸显出来。数据统计显示，由于人的不安全行为引发的事故占事故总数的 70% ~90%❶。原国家安全生产监督管理总局新闻发言人黄毅曾以“总体稳定、趋于好转；形势依然严峻，某个阶段还相当严峻”作为对我国现阶段安全生产形势的整体评述❷，此话对于电力行业也依然适用。纵观近年来整体安全形势，电力行业内部实施的安全制度及安全保障的成熟程度与安全生产事故的年均发生总数，电力生产、设备事故起数，电网事故起数总体均呈现出明显的反比关系，符合安全生产的总体形势，但电力生产人身伤亡事故数和死亡人数却有所增加❸。结合历史数据究其原因，在供电企业和发电企业的事故致因中，偶然事故仅占比 2%，人因事故占比 77%，物因事故

---

❶ 白文元，王蕊．如何推行企业安全文化 控制员工的不安全行为［J］．安全，2008，29（7）：40－41.

❷ 徐娜，牛力．“隐患治理年”话安全——本刊专访国家安全生产监督管理总局局长李毅中［J］．中国减灾，2008（3）：5－7.

❸ 胡孟洁，戴正清．电力企业员工安全心理体系研究［J］．企业改革与管理，2018，337（20）：86－87.

占21%[1]。由此可见，“人的本质安全”无疑成为当下电力行业安全文化建设的重点问题。

自党的十八大以来，习近平总书记、国务院总理李克强就安全生产工作中“安全生产红线”“安全发展战略”“安全生产责任制”等重要理论及应用方向进行了深刻阐述，提出了“始终把人民生命安全放在首位，切实防范重特大安全生产事故的发生”“发展绝不能以牺牲人的生命为代价”等系列重要指示。十九大进一步指出需“树立安全发展理念，弘扬生命至上、安全第一的思想，健全公共安全体系，完善安全生产责任制，坚决遏制重特大安全事故，提升防灾减灾救灾能力[2]。”对此，国家电网有限公司于“十二五”规划期间提出了“一强三优”的现代企业目标，并逐年深化推进。为探寻“心理对刺激环境的认知、评价，会影响个体或群体的应对方式，继而产生不同的结果。人的不安全行为的背后，大多为不安全心理因素起的支配作用”的人因理论的内部作用机制，谋求有效减少电力企业人因事故发生率，电力人进行了长期的探索。

基于上述背景，本书在对现有安全心理文献资料与研究成果进行深入分析研究的基础上，对近几年国网湖北省电力有限公司的安全心理系列项目进行成果总结。该书以安全心理评估为研究主线，扎根电力员工实际作业情境，紧抓安全心理学人因事故理论、安全行为科学理论等理论基点，以以往事故案例、调查问卷与深度访谈为实证资料，运用巴特利特球形检验、试点投放施策的研究检验方法，搭建且持续优化了胜任力模型、安全人模型、电力安全心理题库，安全心理测评系统等。本书共九章，内容涉及电力安全心理评估的系列项目背景、理论框架、研究方法、阶段重点、使用方法、创新点与应用价值等问题。

第一章　绪论，从介绍企业安全心理评估的重要性着手，将安全管理

---

[1] 宋守信. ESAP：电力安全生产促进模式［J］. 中国电力企业管理，2008（17）：60－61.

[2] 罗时祥. 坚决整治“十大顽疾”以最强执行力守住安全生产红线［J］. 今日海南，2008（8）：19－21.

与电力行业、安全心理与电力行业有机融合，总体介绍国网湖北省电力有限公司的安全心理项目的研究思路、研究范畴、研究对象，并将书中所涉及的易引发歧义的词汇语义给予规定。

第二章　电力行业安全生产概述，着眼电力行业这一特殊行业背景，论述其在国民生活生产中的重要地位、介绍电力行业的特点与影响电力行业生产的主要因素。

第三章　电力安全心理，分别对安全心理六大核心原理展开介绍。在结束相关理论介绍后，将安全心理引入电力行业日常作业情境，通过经典案例评析，进一步阐述安全心理在电力行业人因事故中所占据的重要地位。

第四章　安全心理预警测评研究，自本章起介绍国网湖北省电力有限公司的安全心理项目——安全心理模型及电网心理测评系统的逐步研发部分，介绍了初期预警系统的设计思路、研发过程及所取得的阶段性成果等。

第五章　电力一线员工心理深度分析，基于第四章安全心理预警系统普及施测所采集得到的电力员工安全心理数据信息，通过深度挖掘、回归分析等方式，探究电力一线员工生理、心理各维度现状。

第六章　胜任力模型探究，包括两部分内容：一为广义上的胜任力模型，即其他同类型企业作出的类似研究论述，并由此进一步介绍针对电网实际情境所定制的胜任力模型；第二部分是在胜任力模型的基础上，深入挖掘影响因子，形成电力“安全人”胜任力模型。

第七章　基于电力安全心理实际的可操作建议，将研究成功付诸于实际应用，提供研究成果的可操作建议。

第八章　电力安全心理评估展望，进一步阐述下阶段研究目标。

第九章　电力安全心理测评样题解读，通过介绍安全心理预警测评系统部分样题，对设计思路进行阐述，深化读者对测评系统的使用理解。

本书在撰写的过程中，内容由浅入深，突出操作性与专业性，通过对大量真实案例的梳理提炼以及对一线生产员工的深度调研，形成了电力安全心理评估的阶段性研究成果。特别是对电力生产行业“安全人”模型的研究和构建，为后续员工的安全生产规范与人员培训提供指导依据。本书在编写过程中查阅了大量的国内外文献，设计一线员工研究方案，并对研究成果进行反复研讨论证，汇集了从事安全生产管理工作的电力优秀工作者与企业 EAP 领域的专家思想精华，保障了内容的科学性、严谨性、可读性和实用性。

编者

2019 年 11 月

# 目 录

CONTENTS

# 第一章 绪论

CHAPTER ONE

## 1.1 安全心理评估的重要性

安全生产不仅是企业保证生产计划的现实需求，而且是保障国计民生的社会需求。国家安监总局向全国人大常委会做《安全生产法》修正案草案说明时已指出：由于我国正处于工业化快速发展过程中，安全生产基础仍然比较薄弱，安全生产责任不落实、安全防范和监管不到位、违法生产经营建设行为屡禁不止等问题较为突出，安全生产各方面工作亟待进一步加强。

电力企业安全生产的目的，在于保护员工的生命健康及国家财产不受损失。电网企业生产对人员作业技术的专业性与应急能力有着较高的标准要求。在员工进行电网运维、线路巡查、登高爬杆、应急救援及恶劣天气作业等情况下，随时有着因某项疏漏发生危险的潜在可能。现今，安全生产与员工心理健康情况越来越受到政府部门、企业和社会的重视。在这种大环境下，对生产员工的安全心理研究更有操作指导意义、现实意义。本书着重探究员工心理与生产安全的关系，通过实地调研与文献查阅，基于心理学视角，科学量化电力员工安全操作的主要纬度指标，构建胜任力模型及安全人模型、形成题库实现可有效评估员工心理指标的电网心理测评系统，以谋求实际工作中的安全心理科学引导，避免生产过程中的人因生产事故。

## 电力行业安全心理建设的必要性

安全心理学是研究人在劳动过程中伴随生产工具、机器设备、工作环境、作业人员之间关系而产生的安全需要、安全意识及安全反应行动等心理活动的一门科学，属于研究劳动中意外事故发生的心理规律并为防止事故发生提供科学依据的工业心理学领域。[1]

人类的活动过程总是在各种各样复杂的“人—机—环境”系统中进行。在此系统中，人是主要因素，起着主导作用，同时也是最难控制与最为薄弱的环节。据有关资料统计，劳动过程中有58%～86%的事故与人的因素有关。还有统计资料表明，20世纪60年代发生的事故中，人为因素占20%，而到20世纪90年代，人为因素所占比例俨然上升至80%～90%[2]。生产事故的发生与人的心理状态有密切的关系，故研究人的心理对于企业建设与行业发展的重要性不言而喻。将安全心理学运用到电力行业，旨在从心理上深入发掘、进一步提升电力人一丝不苟、踏实细致、认真负责、自觉和自制等良好作风；克服和防止易于引发风险事件的不良习惯。从而使电力人在原有能力的基础上，通过教育达到进一步提高工作素质能力、做好安全生产、提高安全作业意识，以达到尽可能杜绝电力行业人因事故隐患的最终目的。

---

[1] 王亦虹，李伟．企业安全文化评价体系研究［M］天津：天津大学出版社，2011：1.

[2] 人为因素培训．民用航空维修中的人为因素．http：//www.doc88.com/p－1052962025173.html

## 研究思路说明

### 1.3.1 研究脉络图

电力安全心理评估研究脉络如图 1－1 所示。

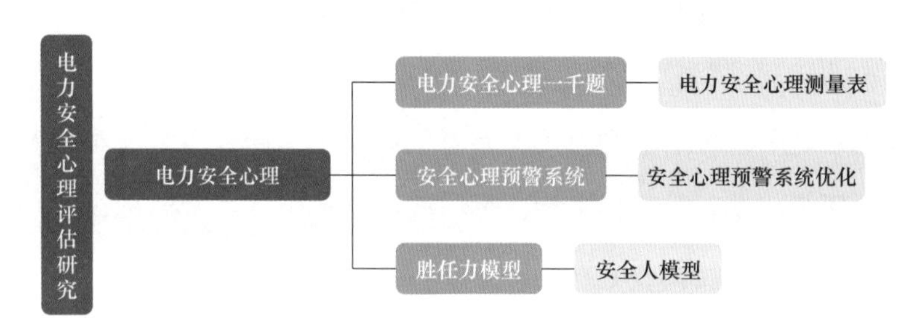


图 1－1　电力安全心理评估研究脉络

### 1.3.2 研究范畴划分

安全心理学主要探讨与安全相关的作业人员的心理状态、心理过程及相关影响因素等。基于人类行为受心理的支配，故将其归纳为心理学研究的所属分支。电力企业安全生产是诸多因素综合作用的结果，安全心理学的原理、规律和方法可广泛运用于电力企业的安全事故预防，员工安全培训教育管理以及发生事故后应对及分析等方面，有效降低生产作业过程中的人因事故风险。以上也是本书关注及研究探讨的核心内容，即如何通过安全心理学原理与电力行业自身特性的有机融合，量体裁衣地初步构建起一套具备深入研究价值的电网企业安全生产心理体系，以达到预防及有效减少电力企业的人因事故的目标。

### 1.3.3 相关表述说明

本书在写作过程中，根据理论研究和企业实际生产需要，针对同一概念使用了不同的表述方式。由于理论研究的习惯，在组织学习层次划分方面一般使用“个体”“团队”“组织”等概念，涉及行业安全心理研究实践时，有“电力员工”“电力职工”“班组”“电力行业”等概念。其内在对应关系如下：

其一，“个体”与“电力员工”的含义相同，但这两个概念的内涵大于“电力职工”。本书“电力职工”仅指“普通员工”，不含管理层人员；而“电力员工”则指电力企业的全部成员，包含其“电力职工”“企业管理层人员”两个概念。

其二，“团队”指企业组织体系中介于整个企业与职工之间的群体，即包括作为基层生产单位的“班组”，也包括作为企业中层生产单位的“部门”。

其三，“组织”具有多层含义。当此概念与“个体”“团队”同时出现时，指代整个企业。

## 1.4 研究对象说明

本书以电力行业的生产模式与一线员工为研究对象，探索属于电力人自己的安全心理评估体系，涉及数据与研究结论整理来自 2017 年至 2019 年国网湖北省电力有限公司“安全文化项目”工作成果。虽研究对象的相关数据主要采集于湖北地区，但所得成果对于全国电力行业安全心理评估的推行及其他高危行业均具有借鉴与学习价值。

第二章
CHAPTER TWO

# 电力行业安全生产概述

# 行业背景

## 2.1.1 电力行业的地位及重要性

电力行业是国家的经济命脉，是国家的基础产业，关系到国计民生。作为由中央直接管理的特大型企业，电力企业在国民经济和社会发展中发挥着至关重要的作用。电力行业不仅关系国家经济安全，也与人们的日常生活、社会稳定密切相关。

近年来，我国电力行业飞速发展，电力企业的安全性水平也有显著提升，尤其是国家以法律法规、制度规定等形式颁布了系列文件，为推动我国电力行业安全生产的发展起到了关键作用。但另一方面，电力行业的生产又具有特殊性，由于具有技术难度大、涉及范围广、系统复杂、维护工作量大等特点，电力行业的安全生产始终受到多方面的关注。

## 2.1.2 电力作业的特点

### （一）作业高危性

目前电力行业的安全生产系统、作业环境愈加复杂。电气设备种类繁多，尤其特殊工种设备如高压的、低压的多；设备危险系数高，如易燃、易爆、有毒的充油电气设备、六氟化硫设备等；特殊工种机械多，如高速旋转的发电机、风机等；特种作业多，如高空作业、焊接作业等❶。由于作业环境高度复杂，其中潜在的不安全因素也十分多见，很容易出现触电、机械伤害、灼烫伤、火灾、爆炸、高空坠落等风险，这对职工遵章守规的安全操作提出警示，也对职工随时处理意外事故能力和强大的心理抗压水平提出了更严格的要求。

（二）作业协调性

由于目前电能仍不能做到大规模的存储，必须保证发电、输电、配电和用电同时进行，也就是说必须保证整个电力系统的连续和良好的动态进行，这要求设计、施工、维护、检修等每个环节间员工相互协调、配合，做到认真监察，做好安全预警，保证每个部分的正常运转，这也要求电力行业的知识、人才、技术、管理等方面要高度整合与协调。由于电力事故的波及范围广，影响范围大，不允许整个动态过程出现一星半点的差错，才能保证系统的平衡。

（三） 作业精细化

近年来，电网系统越来越多的操作由大型机器和仪表完成，在变得越来越自动化的同时，也变得越来越不透明，这使得纵深防御设备和高精尖的技术越来越重要。这些设备和技术虽然能保障电力行业的安全平稳运行，却降低了人们抵御风险的意识。

## 电力行业安全的重要性

电力生产一旦出现严重故障或者安全事故，在对企业生产带来影响、产生经济损失的同时，也会给上下游多个部门、甚至相关行业造成巨大损

---

❶ 孙慧玲．电力企业安全生产风险管理研究［D］．青岛：青岛理工大学，2018.

失，对国民经济运行、社会稳定和人民生活的方方面面会产生重大的影响。现代社会一旦发生大城市停电，或者大范围区域性停电，整个地区甚至国家的经济秩序和社会生活等都会受到冲击❶。

2002 年 7 月，印度的中西部 5 个地区发生大面积停电事故，给中西部地区工业生产和居民生活带来了巨大的影响，印度近三分之一的地区陷入瘫痪状态；2005 年 8 月，印度尼西亚发生了影响全国百万人的大面积停电事故；2003 年 8 月，工业生产比较发达的美国东北部地区和加拿大东部地区发生大面积停电事故，影响了五千万群众的生产和生活，美国的 8 个州遭受了巨大的损失；2006 年 5 月 25 日，莫斯科发生了大面积停电事故，城市交通系统瘫痪，给当地的工业和商业带来了巨大的影响；2007 年 4 月，哥伦比亚全国范围主干网架发生故障出现供电中断，影响范围波及全国，损失惨重；2009 年 11 月，在巴西的大部分地区发生了停电事故，这给巴西人民的生产和生活带来了巨大的影响；2010 年 1 月，美国里根国家机场出现了停电事故，机场一度陷入混乱之中；2011 年 3 月，日本福岛第一核电站遭受地震而发生核事故，引起全世界高度关注和对核安全的质疑；2005 年 9 月，受台风“达维”影响，海南全省大停电，台风给海南电力设施造成严重破坏，主网架恢复供电用了将近一周时间，全面恢复供电用了半个月左右；2009 年 8 月，四川成都双流机场由于变电站供电设施突然故障，致使机场全场停电，万人滞留机场达 5 个小时，机场大部分旅客受到了很大的影响。这些事故对社会生产和生活秩序产生了重大影响，并造成了巨大的经济损失，同时还为电网安全运行敲响警钟，并对电力安全生产的风险管理提出了严格要求❷。

---

❶ 郑欢颖．临汾电力公司安全生产风险管理研究［D］．北京：华北电力大学，2014.

❷ 刘志斌．地市供电企业安全管理预警体系研究［D］．北京：华北电力大学，2014.

# 安全心理对电力生产的重要性

## 2.3.1 安全心理需要进一步关注

近年来，国家电网公司下属各公司开展的安全生产评估主要参照国家电网公司发布的《供电企业安全性评价》，这对电力事业的发展起到了重要作用。但是人作为电力生产的主体，如何有效评估心理因素对安全生产的影响，如何通过专业的心理学方法对人的心理和行为水平进行测量，是构建电力系统下的“安全人”主题中亟待突破的重难点。

据 E. Hollnagel（人因可靠性研究专家）统计，从 20 世纪 60 年代到 20 世纪 90 年代，在所有工业事故原因中包含人因失误的占比从 20% 扩大到 80%[1]。美国得克萨斯大学心理学教授 Helmreich 通过对航空事故的研究发现，航空领域 2/3 以上的事故都是因为机组成员的失误导致的[2]。不难看出，心理因素在企业安全生产中起着关键性作用，人的心理因素通过影响人的不安全行为进而影响企业安全生产质量和效率。对不安全行为产生的原因分析不足、对安全心理的关注不够以及采取的措施不恰当，都会加剧不安全行为的发生，进而造成严重的安全事故。

电力安全心理评估能够更准确地了解和分析电网职工安全心理的状况，可以进一步地帮助电网职工在了解自身心理情况和特征的基础上进行

[1] E. Hollnagel. Human Reliability Analysis，Context and Control. London：Academic Press. 1993：2 – 3.

[2] Robert L Helmreich. On error management：lessons from aviation. British Medical. Journal. No. 7237. 2000（320）：781 – 785.

安全生产，并能最终为公司改善管理模式去适应发展新趋势提供建设性的意见，因此在现阶段，基于国家大环境的安全生产政策要求，国家电网公司对安全心理的重视以及电网职工工作的要求的情况，电力安全心理评估的试运行是急需落实的。

### 2.3.2 作业、岗位对安全心理的要求

电力作业具有高危性、协调性和精细化的特点，这对员工的安全心理提出了更为严格的要求。复杂多样的作业环境、突发紧急的作业项目、各个环节间的高度配合，这些都使得对员工安全心理的关注成为必要，使得安全心理研究成为必要。高危性作业要求员工有较强的心理抗压能力和灵活应变能力；协调性作业要求员工具备较强的安全责任心；精细化作业要求员工必须拥有良好的安全技能和习惯等。

班组长、经理等管理岗位需重视与探索电网安全事故中的心理因素，可从电网安全关键职种（岗位）的人岗匹配心理因素入手，通过员工的心理特质和安全行为绩效之间的匹配研究，建立电网安全关键职种心理胜任素质模型，选择胜任者从事关键岗位，同时对在岗人员进行适当的心理干预，以有效降低由于人为因素导致电网事故的风险❶。需要注意的是，须对员工的状态安全心理素质和特质安全心理素质同时进行关注。状态安全心理素质是指在上工操作时，面对各种情境所体现出来的动态的、不稳定的安全心理素质，比如紧张心理等。特质安全心理素质是指表现在日常生活中的，相对稳定的、对人有持久影响的安全心理素质，比如气质、性格等。总的来说，状态安全心理素质和特质安全心理素质是一个问题的两个方面，综合两方面去考虑员工的安全心理和岗位匹配也更加科学有效。

生产技术等一线员工岗位，由于电力作业的特点，必须从认知能力、操作能力、人格特质、心理健康、压力应对方式等方面对员工的安全心理

❶ 奚珣．电网安全关键职种心理胜任素质模型研究［D］．上海：华东师范大学，2009.

进行要求。在认知能力上，对于生产风险的识别、辨认、预警的能力是至关重要的，这影响着每个工作环节中人员的安全；操作能力主要体现在风险处理能力上，员工的安全技能和灵活应变能力起重要作用；人格特质在安全心理素质中是比较稳定、难以改变的，这也是每时每刻都体现在工作与生活中的，对于一线员工来说安全人格是必不可少的；员工的心理健康直接影响了在上工过程中的表现，在抑郁、焦虑、神经质等方面得分较高的员工是无法胜任一线工作的；面对高危型工作，必须掌握压力疏导的方法与技巧，能够及时自我调整。

## 2.4

## 电力安全生产影响因素

影响企业职工安全行为的主要因素包括人本身的内在因素，环境因素以及企业安全文化。这些因素是安全生产风险产生的来源，也是为应对风险而采取风险管理识别、预警以及安全管理措施改进的基础，因而需要对其做进一步阐述分析。

### 2.4.1 影响安全行为的人的内在因素

安全心理学的研究表明，人的个性心理特征与人因差错及事故的发生率之间存在着密切的联系，人因差错是导致人因事故的直接原因[1]。对人的内在心理因素的关注与重视，是应对当前现状的最好破题之举，是保证安全生产行为的重要举措。

英国心理学家培因将人的性格分为情绪型、理智型、意志型等，情绪

[1] 刘鑫. 电力企业生产事故人因差错及其心理因素研究［D］. 北京：北京交通大学，2006.

型的人容易受到情绪的干扰，在工作中也容易被情绪左右，理智型和意志型的人更多采取理性思维，更能较好地完成工作。气质也会对安全行为产生影响，胆汁质的人鲁莽冲动、粗枝大叶、精力过剩，这对完成细致谨慎的电力设备操作和维修的工作来说，是很容易出现事故的。

面对突发情况的心理承受能力和灵活应变能力也是保证安全生产的必要的心理素质。学习安全知识、专业知识、安全法规和相关政策，保持不断学习的心态，这不仅对安全生产十分重要，也是保障自身安全和电力系统平稳运行的重要基础。情绪的稳定性是每个人重要的心理特点。情绪稳定的职工，更容易在工作中表现出沉着冷静，面对突发状况泰然处之、临危不惧的状态，从而更好地推进安全生产工作的顺利开展和进行；反之在工作中，情绪不稳定的职工更容易受到来自自身情绪的干扰，尤其是不良情绪，这会更容易激发环境中的潜在威胁因素，给职工和电力系统的生产运作带来危险。

多项研究表明，侥幸心理、倦怠心理、紧张心理等不安全型的心理特征也是一些人所持有的。对待高危的维修与生产工作时，存在侥幸心理，如在未带必要的安全工具时直接上工，不按流程仅凭经验进行设备维修等；存在倦怠心理，如对待工作不像之前那样上心、工作将自己的精力耗尽，热情不在、感情麻木等；存在紧张心理，如由于担心怕出错，在工作中畏首畏尾，害怕一些特定的工作、不想面对，十分依赖他人指导，独自完成工作时感到紧张不安等等。这些不安全的心理特质在高压、精密复杂、环境危险的工作中，隐性危害更巨大。

价值观是个人适应环境的过程决定个人对人和事的喜好程度，积极或消极对待态度等。在工作中，职工对待安全生产的价值观是影响职工做出安全生产行为的至关重要的因素。安全的价值观，如安全是职工的生命线，职工是安全的负责人；多看一眼，安全保险；多防一步，少出事故等等，这是影响安全生产工作的至关重要的社会心理因素。建立安全生产的价值观，具有极强的风险防范意识，是工作生产安全开展的前提条件。

### 2.4.2 影响安全行为的环境因素

环境作为每个人都要接触的重要媒介，对安全生产行为产生着最基础又至关重要的影响。环境的变化会影响和诱发人的心理、情绪和行为的改变。

在环境中的潜在风险因素比较少的情况下，也就是积极良好的环境，如环境温度适宜、设备检修记录明确等，这可以保证职工在不受干扰的情境下正常上工，保障安全生产行为的顺利进行。更多由环境造成事故主要是由于不良环境潜在威胁因素多，如温度过高或过低、噪音太大、空气污染、天气恶劣、设备缺陷等，这会导致职工产生不良的心理感受和消极的情绪体验，这还会对人的正常行为产生干扰，造成人更容易精力耗尽、行为僵化、思维固着，最终造成安全生产事故。

### 2.4.3 企业安全文化对安全行为的影响

安全文化是组织文化构成部分。我国大多数国内企业将安全文化分为安全物质文化、安全制度文化和安全观念文化三个方面。

（一） 安全物质文化

物质文化是人们生存所需的基本条件，是制度文化和精神文化的基础。企业安全物质文化是包括保护职工身心健康与安全的安全器物、安全设备装置、检测仪器、安全防护器材和预警装置等。

（二） 安全制度文化

安全制度文化是企业安全的精神文化具体形式，是保障企业安全生产形成的稳定和完善的各种相关法律、法规、条例、技术标准安全和规章制度、操作规程、安全教育培训制度、责任追究制度等，具有科学、规范和原则的特点。

（三） 安全观念文化

安全观念文化包括安全意识形态、思维方法、心理素质、科技水平、安全管理理论学等。对于职工要建立安全生产、人人有责的意识，牢固树立遵章光荣，违章可耻观念，如安全第一、以防为主的理念；自律、自爱、自护、自救，保护自己，爱护他人；重视发现隐患，提前消除风险，不断加强学习技术和知识技能[1]。

## 2.5 电力安全心理评估的价值

随着“以人为本”管理理念的不断深入，电网安全监督与管理已经逐渐从原先只关注事故本身、关注责任追究、关注措施落实等，逐步转向关注人、关注员工心理层面和心理素质等方面，电力安全心理评估不仅能够有效地筛选出符合安全生产的工作人员，更可以通过系统的测评，筛查出具有风险隐患的个体，进行提前预防与干预。

（一）员工层面

有利于增强员工的安全意识，提高安全应对水平和工作效率，增强对自身安全意识的认识，明确自身优势与不足，更好的扬长避短，发挥自身长处，提升自身优势。

（二）企业人力管理层面

有利于电力企业在对职工进行招聘、选拔、培训、绩效管理等环节时，有科学的安全理论和模型可以依据和参考，具有非常强的可操作性，提高企业的安全管理能力，保障将正确的人安置在正确的岗位上，做到人岗匹配，减少不必要的时间和精力的浪费，是保障电力企业安全运营的一剂强心针，有利于促进电力企业的良好健康发展。

[1] 郑欢颖．临汾电力公司安全生产风险管理研究［D］．北京：华北电力大学，2014.

（三）企业整体素质层面

有利于增强电力企业的整体素质，增强电力企业抵御和应对突发事件的能力，减小财产和人力损失，提高电力企业的生产效率，保障电力系统稳定性，提高企业的核心能力，减少安全事故的发生，保证电力企业的平稳运行。

# 第三章
CHAPTER THREE

# 电力安全心理

# 3.1

## 安全心理学核心原理

安全心理学原理是通过研究人的行为特征和安全心理过程，以保证安全生产、防止事故、减少人身伤害为目标而获得的普适性基本规律。

安全心理学原理可归纳为以下六条：事故频发倾向原理、安全心理激励原理、心理阈值有限原理、安全认知原理、安全个性心理原理和安全生理心理原理。[1] 安全心理学原理枝叶形体系如图3－1所示。

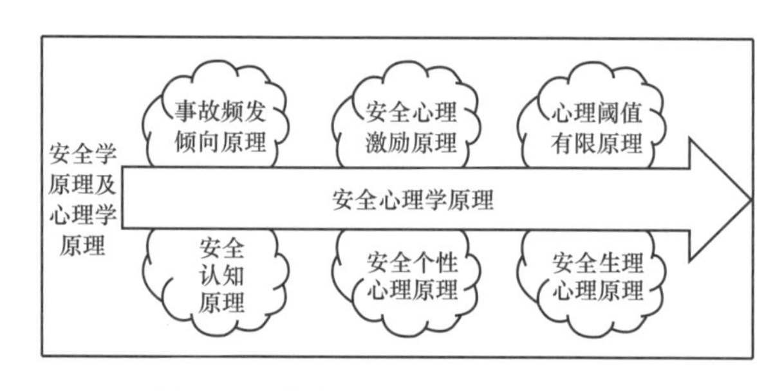


图3－1　安全心理学原理枝叶形体系

### 3.1.1　事故频发倾向原理

事故频发倾向原理是以安全心理学及安全人机工程学作为理论依据，而得出的事故频发人群或个体发生不安全行为的一般特征和规律。事故频发倾向原理又可扩充为以下两条：

（一）群体事故频发原理

通过对群体施工者在心理特征层面上的数据统计资料的分析整理，最

[1] 张文强，吴超．安全心理学基础原理及其体系研究［J］．安全与环境学报，2017（1）．

终找出极易发生事故的特定性格的人群。人在群体中的行为特质与人作为单独个体时有所不同，群体对人的影响不止于去个性化、从众，还包括群体极化、群体思维。研究群体时，不仅要研究群体中的人，更要将群体作为一个单位分析，找出该群体的思维认知、行为特点，及时进行引导干预。

（二） 个体事故频发原理

通过对大量个案的研究分析，分析个体在从事生产活动中，面临突发情境做出的系列反应，总结容易导致事故发生的个人心理因素，建立事故频发个人心理模型。个体的性别、职位、工作经历、性格特点、家庭环境都会对个体在面临挑战时的作为产生不同的影响。

### 3.1.2 安全心理激励原理

安全心理激励是指利用人的心理因素和行为规律激发人的积极性，对人的行为进行引导，以改进其在安全方面的作用，达到改善安全状况的目的[1]。可以从以下两个方面解释安全心理激励的内涵。

（一）激励是需要决定动机，动机产生行为的过程

激励的过程是循环往复的，当人存在某种需要时处于激励状态，需要满足时激励状态解除，之后又会产生新的需要，这是一个动机被不断激发的循环。

（二） 激励的方式是多样的

如目标激励、参与激励、认同激励、奖励激励等，应根据实际情况选择合适的激励方式。激励与管理目标示意如图 3 - 2 所示。

### 3.1.3 心理阈值有限原理

心理阈值有限原理可从以下两方面进行阐释。

[1] 田水承，景国勋．安全管理学［M］．北京：机械工业出版社，2009.

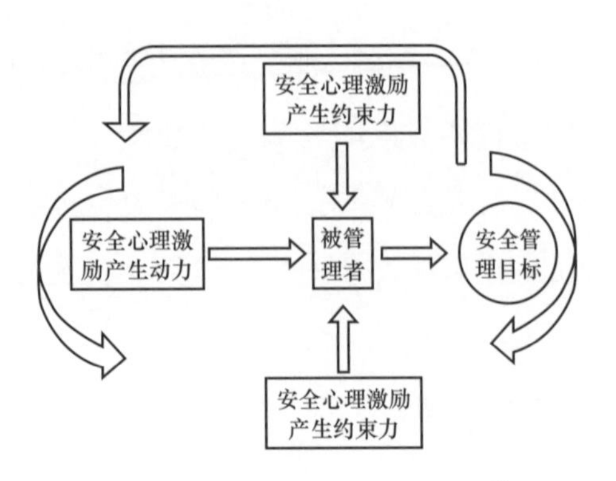


图 3－2　激励与管理目标示意[1]

（一） 感觉阈值有限原理

只有当刺激在一定的强度范围内时，才能被人感觉到。感觉阈值有限原理是以心理学、生理学、统计学为理论基础，确定人所能感受到的各项刺激强度的阈值，从而确定施工现场的湿度、温度、音量等因素的安全范围，达到降低事故率的目的。

（二） 知觉阈值有限原理

知觉是各种感觉的结合，是对事物整体的感性认识。在操作过程中，感觉负责接收危险信息，知觉则负责处理这些危险信息，分析其来源、程度等，以便在第一时间采取具体的补救、处理措施。而知觉具有较大的个体差异，且其在不同的环境因素作用下也存在一定的阈值。

### 3.1.4　安全认知原理

安全认知是指人们在进行有目的的生产活动中对危险的识别和判断，是人脑对客观存在的不安全因素——人的不安全行为、物的不安全状态及环境的不安全条件的反应。安全认知心理系统内部结构如图 3－3 所示。

### 3.1.5　安全个性心理原理

个性是指个体在生活实践中经常表现出来的、带有一定倾向性的各种

[1] 李红霞，田水承．安全激励机制体系分析［J］．矿业安全与环保，2001，28（3）：8－9.

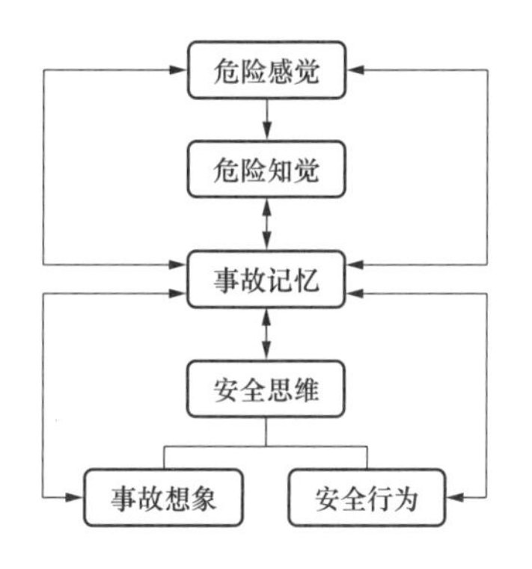


图 3－3　安全认知心理系统内部结构

心理特征的总和。

美国安全学家海因里曾提出事故因果连锁理论，表示大部分事故可以预防，并且可预防的事故中约 89.9% 的事故是由于人的不安全行为引起的，而造成这些不安全行为的主要因素是人的个性缺陷。

个性心理结构主要由个性心理特征和个性倾向性两部分组成：

（一） 安全个性心理特征原理

个性心理特征是人的各种心理特征的一种独特组合，主要包括能力、气质和性格。这是构成一个人思想、情感与行为特有的统合模式，包含了一个人区别于他人稳定而统一的心理品质。

（二） 安全个性倾向性原理

个性倾向主要包括需要、动机、兴趣、理念、信念和世界观等，它是人对客观事物的稳定态度，是人从事活动的基本动力，决定着人的行为方向。安全个性倾向引导个体采取安全的态度、做出安全的行为。

### 3.1.6　安全生理心理原理

生理心理学主要研究心理现象和行为产生的生理过程。人类的生理机能和心理机能并不是相互独立的两种因素，而是相互影响。不良的生理状态会通过神经系统对人的心理状态造成直接影响，从而导致人员不安全行为的发生。最常见的能够带来不安全行为的生理因素有疲劳、生物钟、女性生理周期、意识觉醒水平、饮酒情况、服药等。安全生理心理原理通过研究肇事者的生理状态、心理状态、安全行为三者之间的关系和作用机理，从而为制定作息、休假制度等提供科学的依据。

## 安全心理在电力领域的体现

行为的结果有两种，一种是安全行为，另一种是不安全行为。在电力生产行业中，外界环境、个体心理、生理状况等都会影响个体的行为结果。个体源源不断地接收到外界供给的各种信息，通过正确判断进行正确处理，再通过人的行为正确操作，这其中任何一个环节出现了问题，都会导致安全隐患。行为的模式如图 3－4 所示。

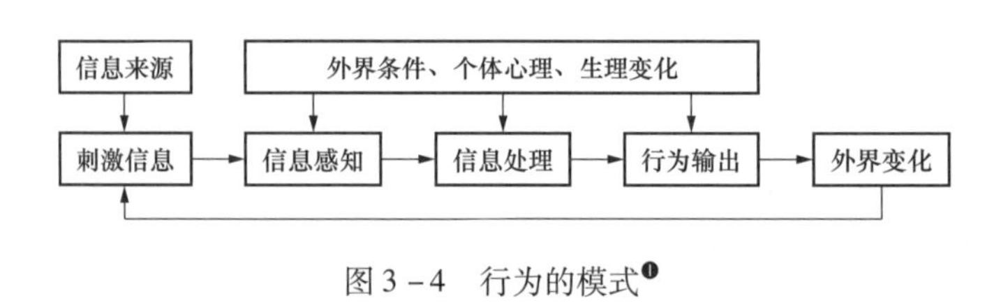


图 3－4　行为的模式[1]

### 3.2.1　电力安全心理与环境的关系

电力企业生产过程中，从业者心理会受到外部环境的影响。部分电力设施位于偏远山区、人烟稀少的地方，周边环境复杂、危险；遇到恶劣的气候时，还需在潮湿、寒冷、高温的气候中作业；在供电高峰期遇到抢修等突发事件，还需长时间高强度工作等，这些恶劣的工作环境不同程度地影响着人的心理状态和作业行为。员工在恶劣的环境条件下

[1] 戚喜根．消防员不安全行为的心理分析［J］．武警学院学报，2015，31（12）：40－43.

工作会产生厌烦、恐惧和疲劳等不良心理状态，注意力分散，影响生产情绪，降低人的思维、判断、操作等能力，从而引起操作失误，造成事故。

案例 1

某线路班成员甲、乙、丙三人在某10kV线路上施工作业，由于天气较热，成员乙把安全帽摘下来放在屁股底下坐在作业杆的背阴面休息，成员甲在杆上装金具，由于天气炎热长时间作业产生疲劳，不慎将10寸扳手掉落，正好砸在乙的头上，乙满头鲜血昏迷不醒。

分析

此案例中事故发生的主要原因是成员甲因天气炎热及长时间作业原因，产生疲劳注意力不能集中，从而导致工具掉落酿成事故。此外，成员乙将安全帽摘下在作业杆下休息也违反了相关的电力安全规定。

### 3.2.2 电力安全与个体心理的关系

#### （一）电力安全与心理成熟度的关系

不同的个体心理成熟度之间往往有着较大的差异，感知觉阈值也会存在一定的差别，从而会影响对信息的感知、接受、处理等，发生事故的概率也有明显差异。一般来说，事故在年龄为17~28岁的人群中发生最为频繁，50~60岁的人群中达到最低。年轻一些的员工往往经验不够丰富，心理不够成熟，“好奇、逞能、心急、逆反、冒险”的心理时有出现，易引发事故。

## （二）电力安全与气质类型的关系

每个人具有的性格、气质、特征不同，在劳动、作业过程中反映出来的心理活动和思想行为是不同的，在情绪稳定性、谨慎性、责任心方面也会有不同的表现，必然对所从事的工作产生很大影响。如不同气质类型、性格特征的人会在以下方面表现出差异。

（1）对安全预警的态度。心存侥幸，自以为是的人在操作过程中会忽视安全警告标志和安全操作标志，进行错误操作。

**案例 2**

线路班的两名巡线人员在10kV线路事故巡线时，发现一处导线断落在地面，由于当时天色已晚两人考虑别把导线丢了，于是，甲巡线员用手机将情况汇报班长，乙巡线员看该线路所带的用户全部停电，便把落地导线盘起来后通过爬梯爬到杆上把线盘悬挂在停电的线路上，下杆后通知班长可以恢复送电。

**分析**

乙巡线员看该线路所带的用户全部停电，便把落地导线盘起来后通过爬梯爬到杆上把线盘悬挂在停电的线路上，此行为显示其缺乏对安全预警的意识，当发现导线、电缆断落地面或悬挂空中，应设法防止行人靠近断线地点8m以内，以免跨步电压伤人，并迅速报告调度和上级，等候处理。

（2）对于重复性劳动的应对方式。责任心差的员工对于重复性的训练活动感到厌烦、枯燥，易产生心理疲劳，操作中精神不够集中，易发生操作失误行为。

（3）对安全规程的认识。谨慎性的员工在必须使用个人防护用品的作业场合会按要求佩戴防护用品等，会严格按照相关的安全规章制度进行操作。

某线路检修班组在一低压台区进行更换导线施工作业，工作开始前，工作负责人安排作业班成员甲、乙两人到干线66号杆（变台杆）做安全措施，并告诉两人验电器和接地线都在车上，同时将操作票交给甲。于是两人便骑摩托车前去停电、挂接地线等。但两人到车上后只拿了接地线而没有拿验电器，之后便直接来到65号杆并准备上杆挂接地线，由于该接地线没有接地棒，甲便对乙说：你到老百姓家借根钢筋做接地棒，我先准备。结果，当乙走后，甲便在无人监护的情况下擅自登杆，在挂第一根接地线时，便发生了触电事故。

分析

此案例中事故当事人缺乏强烈的安全意识，存在明显的侥幸心理，认为不一定会出事故，在无人监护的情况下擅自登杆，操作票未进行双方签名及现场只有一人操作，同时出现了接地线装设程序出错，最终发生触电事故。

工作负责人也未按照安全规章制度办事，安排作业班成员甲、乙两人到干线66号杆（变台杆）做安全措施，却未亲自到工作现场或指定监护人进行现场监护。

（4）心理调适能力。面对突如其来的异常情况，心理调适能力差的人正常思维活动会受到抑制或出现紊乱，紧张害怕，惊慌失措，错失安全自救良机或者行动缺乏主见，盲目跟从别人行动。

（5）观察力。观察力差的员工对于操作动作的安全性及危险形势变化的细节掌握不足，导致反应、判断和行动措施失当。

案例 4

某日傍晚，一供电单位线路班的工作人员甲在一低洼处的电杆上装设横担，该电杆是90°转角杆，并向外角侧倾斜大约10°左右，电杆坑是前一天新回填土，并装设有两组拉线，由于天色将晚工作还没结束，工作负责人便又安排工作人员乙上杆协助工作，当工作人员乙上到工作人员甲的脚下位置时，电杆突然向外角倾倒，甲、乙工作人员随杆摔倒在地，造成倒杆事故。

分析

此案例中事故当事人未及时对作业环境的危险形势做出判断，对操作动作的安全性掌握不足，由于该电杆所装设的拉线是转角拉线，并不是新立杆塔使用的登杆临时拉线，而杆坑回填土并未完全牢固，此时该杆是严禁攀登的。而甲则在此危险形势下依然进行作业，埋下了隐患的种子。

### 3.2.3 电力作业过程中事故发生前后的心理变化

（一）事故发生前的心理

（1）“麻痹”心理。尽管再三强调“现场工作安全第一，人命关天，杜绝违章”，但在实际工作中有的作业人员还是不以为然，我行我素，疏忽大意，忽视安全。

案例 5

一个由10人组成的10kV线路检修作业组在进行检修作业，13点工作结束，工作负责人在察看现场情况正常后，将现场人员全部用车拉回单位，到单位后开始清点人数，发现缺一名作业人员，这时开车司机告诉工作负责人说：“中午在单位食堂里看见过这名作业人员在吃饭，可能是他的活干完了”。于是工作负责人宣布工作结束，可以恢复送电。工作许可人在得到工作结束的报告后，命令线路分段开关送电，结果造成这名作业人员触电烧伤住院，后了解该作业人员中午在食堂吃完饭后，又赶回现场继续登杆作业。

**分析**

工作负责人应该在现场工作完成后查明全部工作人员确由杆上撤下。结果他回到单位后才开始清点人数，发现人员缺少也未查明该人员的下落，想当然认为该人员已回来，就宣布工作结束，可以恢复送电。此操作严重缺乏对安全隐患的高度意识，缺乏警觉性与谨慎性，是造成这次作业人员触电烧伤的主要原因。

（2）“无关”心理。安全生产人人有责，但有些作业人员责任心差，认为安全与己无关，发现别人违章不纠正、不检举、不汇报，不得罪人也怕得罪人。

（3）“逞能”心理。有的作业人员一知半解充内行，自满自负，认为自己有经验，自我表现欲强，莽撞行事，或以老办法、老习惯去对待工作，盲目蛮干，造成了违章。

（4）“侥幸”心理。有的工作人员总以为“就这一次，不会发生什么问题”、“没关系，以前我也这么干过”、“灾难不会落在我头上”，结果，由于图省事，明知故犯，造成违章，导致事故发生。

一只鹿被猎狗追赶得很急，跑进一个农家院子里，恐惧不安地混在牛群里躲藏起来。一头牛好意地告诫他说："喂！不幸的家伙！你为什么要这样做，你将自己交到敌人手中，这不是自投罗网吗?"鹿回答说："朋友，只要你允许我躲在这里，我便会寻找机会逃走的。"到了傍晚，牧人来喂牲口，他们并未发现鹿。管家和几个长工经过牛栏时，也没注意牛栏里有鹿。鹿庆幸自己安全，便向那头好意劝告过他的牛表示衷心的感谢。这时，主人进来了，一边埋怨牛饲料分配得不好，一边走到草架旁大声说："怎么搞的，只有这么一点点草料？牛栏垫的草也不够一半。这些懒虫连蜘蛛网也没打扫干净。"当他在牛栏里走来走去检查每样东西时，发现鹿角露出在草料上面，便叫来人捉住这只鹿，把它杀掉了。

分析

这样的事情很多，一些人不按规程工作、违反规定作业，一次、两次，甚至成百上千次，因为"没有什么事"，时间久了就觉察不到危险，于是悲剧就可能一遍遍重演。事故的发生都有它的偶然性和必然性，在一次次违规中，不确定它何时会发生，但违规的同时也置身于危险之中，将自己交给了危险，有危险就可能有事故，悲剧的结果就可能会出现。事故总是可能会抓住心存侥幸的人，就像那只鹿不会因为前面的人没发现而逃脱被宰杀的命运。要安全，就不要像故事中的鹿一样心存侥幸，因为"牛棚"不是安全的避难所。

（5）"冒险"心理。有些生产骨干工作积极主动，但在工作中不讲科学，在把握性不大的情况下爱"试一次"，特别是在抢修工作中感情用事，忽视安全生产措施的落实，冒险作业。

（6）“逆反”心理。有的作业人员与班组长或其他同志发生矛盾时，会产生逆反心理，赌气工作，不许他这样做，他非要这样做。

（7）“异常”心理。有的工作人员因社会、家庭和个人生理等原因，情绪受到影响，或兴奋或低落或急躁，工作时注意力分散，可能成为事故隐患，容易发生违章行为。

（8）“从众”心理。人有从众性，在作业现场如有人不遵守《安规》等规章制度，又未受到及时制止，马上就有人跟着干。

（9）“好奇”心理。有的人在遇到不了解的事物时，新鲜感陡增，好奇心强，爱动手动脚，不恰当地将好奇心付诸行动，可能变成事故的祸根，容易造成人为事故。

（10）“敷衍”心理。有的人工作不认真，什么事都敷衍了事；有的人图省事，不严格要求，不按章办事；有的人工作不安心，有厌倦心理，认为自己大材小用，工作敷衍塞责、马虎凑合，也容易造成事故。

（11）“心急”心理。有的人可能由于快下班了，或有事急于处理，工作一个接一个等因素，心情急躁，想赶快结束工作，因而草草行事；或减少工作环节，偷懒少干，留下隐患。

（12）“惧怕”心理。一部分人虚荣心作祟，惧怕自尊心受伤害，本来不懂还装懂，本来不具备相应的技能，别人能做的自己也硬着头皮做；另一部分人心理素质差，惧怕再出事故，一遇到曾出过事故的类似工作，心里就发慌，不知所措，犹犹豫豫；还有一部分人惧怕威信、岗位丢失，明明不懂却装作技术很高明的样子，不负责任地下结论，瞎指挥，乱操作。

（二） 事故发生后的心理

（1）不知所措。多数当事人在事故发生后，瞠目结舌，不知所措，等待救援和处理。

（2）乱中再错。有的人在事故发生后，情绪紧张，毛手毛脚，有时更容易造成错误，使事故扩大。

某供电公司在进行220kV Ⅱ线线路参数测试工作过程中，作业人员直接拆除测试装置端的试验引线，线路感应电导致试验人员触电，工作负责人盲目施救，导致2人触电，经抢救无效死亡，构成了一般人身事故。

事故发生后工作负责人乱中再错，是使得此事故扩大的重要原因。

（3）蒙混过关。在事故不大的情况下，多数当事人，甚至部分负责人想减小影响，大事化小，小事化了，内部消化，息事宁人，没引起足够重视。

（4）怕负责任。有的人出了事故后，在叙述事故起因和过程时避重就轻，强调客观，掩饰过错。更有甚者，破坏事故现场，弄虚作假。这样，不但不利于事故原因的调查，而且容易使同类事故重复发生。

（5）自认倒霉。部分人认为不该发生的事发生了，纯属阴沟里翻船；有人认为事故在所难免，不出在自己身上，就要出在别人身上，只能自认倒霉。

（6）情绪波动。有的人出了事故后患得患失，造成思想障碍和情绪波动，甚至引发家属干扰，对处理事故非常不利。

## 电力行业对安全心理的要求

心理发生过程的复杂性，需要我们在多个关键节点进行梳理，特别是基于电力生产作业条件下，找出影响安全生产，影响行为的关键因子。安全心理学原理应用机制如图 3－5 所示。

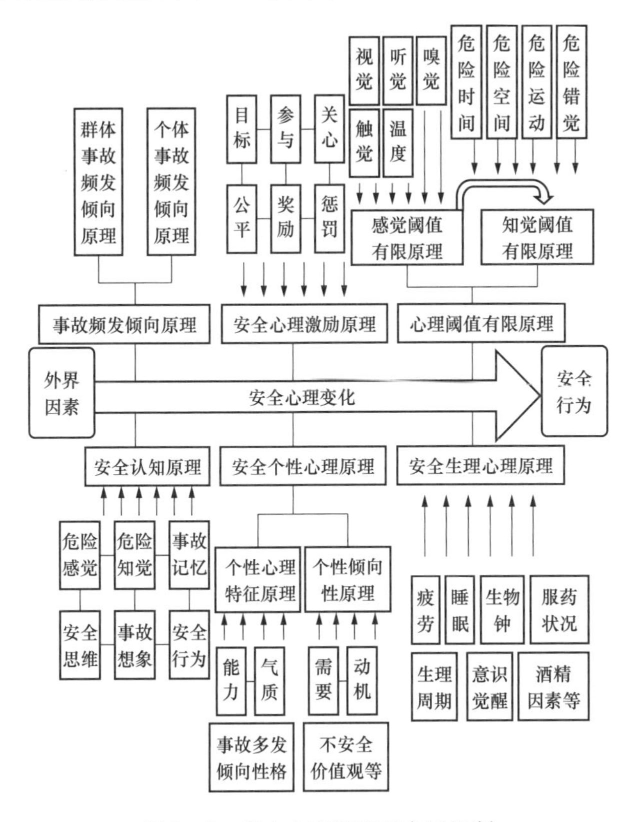


图 3－5　安全心理学原理应用机制

### 3.3.1　制定匹配的心理标准

**扁鹊三兄弟故事**

据《史记》载，魏文侯曾问扁鹊说：“你们三兄弟中谁的医术最高明？”扁鹊回答说：“长兄医术最好，中兄次之，自己最差。”文侯说：“可以说来听一听吗？”扁鹊说：“长兄治病，是治于病情未发作之前，由于一般人不知道他事先能铲除病因，所以他的名气无法传出去。中兄治病，是治于病情初起之时，一般人以为他只能治轻微的小病，所以他的名气只及于乡里。而我是治于病情严重之时，在经脉上穿针管来放血，在皮肤上敷药，所以都以为我的医术最高明，名气因此响遍天下。”

**扁鹊三兄弟行医故事带来的启示**

（1）事中防范好于事后防范，事前防范好于事中防范。北宋欧阳修有言：夫祸患常积于忽微，而智勇多困于所溺。小节不拘，蚁穴不堵，往往是酿成大祸的前兆。

（2）在乎制度建立，更要在乎制度执行。有制度而不落实，制度只能是一纸空文。

（3）要注重预防，但千万不要放松惩治。惩治不力，教育就没有说服力，制度就没有约束力，监督就没有威慑力。

电力系统的安全不是一个独立的游离管理系统和人际协调的问题。要保证工作的安全性，必须有完整的体系，从不同的层面去提高人员的自控能力、人际处理能力和应急能力，采用科学手段进行管理、测试与考核，让电力安全的管理科学化来替代管理的经验化。具体可从以下几个方面开展：

（1）根据事故频发性原理，从个体和群体两个层面将事故频发人群或个体的心理水平及性格特征加以统计分析和归类，得出该类人群发生不安全行为的一般特征和规律，从而预防事故。也可根据统计得出的规律对于具有事故频发性的个体或人群不予雇佣或将其分配到与其个性、秉性相符的岗位，从而降低事故发生的可能性。

（2）应用安全心理激励原理，利用人的心理因素和行为规律激发人的积极性，加大其安全行为动机，从而达到改善安全自觉性的目的。

（3）在制定安全规章制度时需进行人性化考虑。如依据感知觉阈值有限原理，人的视觉、听觉、嗅觉、温觉、触觉及对危险的感知都存在一定的阈值；依据安全认知原理，人对于危险和事故的感知、记忆、思维、想象等都具有一定的局限性；依据安全生理心理原理，人的生理心理状况对人的行为表现有着较大的影响，应充分考虑疲劳、生理周期、服药状况等。

### 3.3.2 培养员工形成安全心理素质

一线电力员工的压力反应（包括情绪反应、躯体反应和行为反应）往往高于社会常模，需要较好的心理调适能力、情绪稳定性、注意力集中度等，因此，培养员工的安全心理素质显得格外重要。安全心理素质包括安全意识、安全态度、安全认知、安全动机等，他们都可以通过学习和锻炼得到提高。安全心理素质的培养是人们纠正错误行为和树立正确观念的过程，它为提高个体的安全倾向提供了最直接而有效的方式。可通过安全心理学讲座、谈心、观看安全教育录像片、行为激励等有效的安全心理教育形式，使其得以有效的实施，激发员工安全心理的欲望，让职工在情感上接受安全生产，在思想上从“要我安全”转变成“我要安全”，在行动上自觉地严格执行安全生产规程。

有学者根据《西游记》对安全人的心理素质进行总结。

（1）安全人首先要练有孙悟空的火眼金睛。善于发现身边潜在的安全隐患，及时消除在萌芽状态。

（2）要学会唐僧的苦口婆心。尤其是对新进场工人，做好三级教育培训的同时，要经常在班前会上讲安全常识、注意事项，不厌其烦地讲，方能达到效果。

（3）要有观音的菩萨心肠，救人一命胜造七级浮屠。安全人要有高度的责任心，对待员工要以诚相待，善待员工，珍爱员工生命。你的一个细微发现或疏忽（安全隐患），就有可能导致一个生命的延续与终止。

（4）要有上进心，克服八戒身上的懒惰习性。安全人不光要嘴勤、腿勤，还要有上进心。

（5）要学会沙僧的默默付出。安全工作看不见摸不着，需要脚踏实地地付出，没有付出就没有回报。

（6）要学会白龙马的忍辱负重，方能修成正果。明知前面有艰难险阻，但为了自己的理想（早日化马为龙），勇挑重担。

### 3.3.3　改善不良作业因素

案例 9

有一个过访主人的客人，看到主人家炉灶的烟囱是直的，旁边还堆积着柴草，便对主人说："把烟囱改为拐弯的，使柴草远离烟囱。不然的话，将会发生火灾。"主人沉默不答应。不久，家里果然失火，邻居们一同来救火，幸好把火扑灭了。于是，主人杀牛置办酒席，答谢街坊邻居。被火烧伤的人安排在上席，其余的按照功劳依次排定座位，却不邀请提"曲突徙薪"建议的客人。有人对主人说："当初如果听了那位客人的话，也不用破费摆设酒席，始终也不会有火患。现在评论功劳，邀请宾客，为什么提'曲突徙薪'建议的人没有受到答谢、恩惠，而被烧伤的人却成了上客呢?"主人这才醒悟去邀请那位客人。

分析

防患于未然比发生事故后再去补救更重要。在设置相关生产设备时，就应充分进行安全考虑，从源头上尽量减小发生事故的可能性。

改善不良作业因素可从以下两方面入手。

（1）提高电力装备水平。先进的技术装备不但能带来生产的高效率，同时还能够防止和避免一些人为事故的发生。在人机系统中，相比较机器而言，操作者常常是控制系统中最不稳定的因素。因此，减少人的操作误差比减少机器部件的误差更为有效并更具有重要意义。根据工程心理学原理对显示装置和控制装置进行符合人的特点的设计，并对生产设备进行科学有效的安全防护，可以大大减少人的失误及事故发生的可能性。

（2）提升现场安全环境。由于电力企业自身的特点，外部环境对电力生产作业有很大的影响。恶劣的自然环境，不良的照明条件和空气质量，以及过高或过低的环境温度，这些都很可能成为电力员工不安全心理的诱因及事故发生的导火索。为了避免由作业环境问题引起的不安全心理因素，企业可以改善个人防护用品，减少其与不良环境接触的时间，随时留意危害环境作业职工的心理生理状况等。

# 第四章 安全心理预警测评研究

CHAPTER FOUR

4.1

## 预警测评系统研究概述

安全心理预警测评系统（SGCC 系统）是在上述电力安全心理研究基础上，专为电力工作人员设计开发，用于完成电力工作人员上工前心理测评的软件。测评分为自评和他评两部分，系统会根据测评结果给出当日工作状态提示以及相关参考建议，专家可以查看测评报告，并随时提出建议。安全心理预警测评系统主界面如图 4－1 所示。

图 4－1　安全心理预警测评系统主界面

测评系统中，自评的题目在题库中进行随机抽取，包括心理承受力、意志力、侥幸心理、麻痹心理、冒险心理、紧张心理、倦怠心理、应对方式、情绪稳定性及工作稳定性十个维度，每个维度抽取的题目数量都有区别，并且不同的岗位有针对该岗位而设置的题库。参与测评的员工在结束自评之后可以立即得到简单的结果反馈，管理人员可以看到完整的测评报告，以便对有较明显心理问题的员工及时进行适当干预。

他评是由班组长完成，即班组长需对其班组内的每个成员都进行测评。测评的内容分为一票否决项目和常规项目两部分，一票否决项目将会先于常规项目执行。一票否决项目包括应激事件发生、物质滥用、生理指标以及情绪稳定性四个部分，一旦这几个部分出现肯定选项，就立即给出红灯警示且不再继续常规项目的评价。常规项目包括安全心理边缘素质、安全意识、安全执行力以及工作心态四个部分，测评也是通过在题库中抽取题目组合为问卷，评价结束后会给出评价对象是否适合上工的建议。

除此之外，专家可以查看每一位参与测评的员工的测评报告，并根据报告对员工提出指导性建议。员工登录系统可以查看专家留言，帮助其了解自身状态并做出相应的改变。

### 4.1.1 评估维度——特质评估/状态评估

“特质”和“状态”这两个概念来源于人格心理学和组织行为学，“特质”指个体活动倾向中稳定不变的一部分，是个体行为长期保持稳定一致的原因。而“状态”指个体活动倾向中可变的那一部分，是个体受社会、生理和环境等各方面因素的暂时影响而表现出的短期心理状况❶。

在安全心理学中，史凯通过对以往安全心理测评研究成果进行总结，以安全行为科学和心理学的理论为基础，参考组织行为学和心理测量学等科学方法，结合 GB/T 13861－2009《生产过程危险和有害因素分类与代码》中对于心理因素的规定，将员工安全心理测评体系设计为个性心理和社会心理两类。其中，个性心理因素指个体所表现出来的经常的、稳定的心理特征和意识倾向，包括以下五项指标：性格类型、性格趋向、气质类型、心理承受能力、乐观程度；社会心理因素指在周围社会情境以及在他人或人群影响下，反映个体的主观感觉与变化的心理因素，包括以下三项指标：精神状态、自信安全感、意志力❷。根据这些概念和指标我们可以看出，针对个性心理因素的测评其实是对个体特质的评估，对社会心理因

---

❶ 符纯洁，凌文辁．“特质”与“状态”：内涵、联系与启示——基于积极组织视角［J］．外国经济与管理，2012，34（10）：39－47.

❷ 史凯．电力员工安全心理测评分析及对策研究［D］．北京：中国地质大学（北京），2012.

素的测评则是对个体状态的评估。基于此，安全心理预警测评也将从特质和状态这两个维度来对国家电网安全人员的心理状况进行评估。

### 4.1.2 评估特点——动态性

动态评估（dynamic assessment）是国内外心理测量领域近三四十年来发展起来的一个新的研究分支。传统的静态评估认为个人能力是固定不变的，因此测验的解释往往采用“结果取向”，而动态评估坚持能力的发展观，并遵循个体差异性，采用“过程取向”和整体性评估的方法为每一个受测的个体量身定做、制定出属于自己的发展计划和策略，使其在现有的心理水平基础上能有所发展[1]。

本系统在对国家电网安全人员的上工前心理测评中，也呈现出动态性的特点。首先，测评的时间、地点不是固定不变的；其次，测评题目的内容、形式是随机化、多样化的；最后，测评内容包含多个心理因素，并且注重其交互作用。它不仅评估受测人员目前达到的心理水平，还可以分析出达到目前水平的原因、影响因素，以及提出调整心理健康状态、促进个体发展的措施和建议。

## 预警测评系统研发过程

### 4.2.1 研究方法

本次预警测评系统研究主要运用了文献综述法、深度访谈法、问卷调

[1] 范兆兰. 动态评估的特征及其方法论意义［J］. 心理科学，2009（6）：1414－1416.

查法、统计分析法四种研究方法。通过查阅国内外安全心理方面的文献，回顾梳理“事故频发倾向理论”，在安全导向和风险导向两个二级维度下，对心理承受力、意志力、侥幸心理、麻痹心理、冒险心理、紧张心理、倦怠心理、应对方式以及情绪稳定性九个子维度进行梳理。然后，针对电力员工的工作内容及工作环境，在查阅资料的基础上，编写访谈提纲，并同步收集问卷。最后，借助于SPSS23.0统计软件和AMOS17.0软件进行数据分析，对各变量及变量之间的关系进行分析，得出相应的研究结论。

（一） 文献综述法

文献综述法主要指通过搜集整理某一学科领域的前人研究，总结这个领域的研究现状，从中形成对事实的科学认识的研究方法。

在本研究中，我们对安全心理学的核心原理，包括事故频发倾向原理、安全心理激励原理、心理阈值有限原理、安全认知原理、安全个性心理原理、安全生理心理原理等都进行了梳理。其中事故频发倾向理论认为，事故与人的个性特征有关，某些人由于具有某些个性特征，而具有“事故倾向性”，也就是说他们会比其他人更易发生事故。具有该倾向的只是少数人，所以事故通常主要发生在少数人身上。但如果通过合适的心理测量，我们就可以发现具有这种个性特征的人，从而及时地把他们调离有危险的工种，安排在事故发生概率极小的岗位，就可以大大降低事故率。随着研究的深入，该理论也在不断地进行修正、改进，Reason认为，除了承认事故倾向性存在之外，还应该归因于个性因素与环境因素的交互作用❶。因此只把事故原因归咎于作业者，而忽视工作环境这一因素是有失偏颇的。综合前人的研究意见，我们在本研究中把人为因素与环境因素均纳入了考虑范围。

（二） 深度访谈法

深度访谈法（interview）是指在认真调研行业现状、设计好访谈提纲

❶ Reason, J.（1990）. Human Error. Cambridge：Cambridge University Press. doi：10.1017/CBO9781139062367

后，通过一个掌握技巧的调查员和受访者面对面地深入交谈，来揭示某一问题的潜在因素的研究方法。

在本次研究中，我们采取半结构式的访谈方法，分别对电力员工的生理、心理、环境相关问题进行提问，重点了解员工的安全心理意识及安全心理行为。之后对访谈结果进行一次、二次编码，对安全心理预警测评量表的可行性进行验证。访谈提纲是在查阅文献的基础上，由项目组成员反复打磨完成。本次访谈以国网湖北省电力有限公司员工为主要测评对象，访谈包括班组长、安全员及普通班员等在内的共 113 人。通过对不同岗位员工进行实地访谈，了解其主要工作内容与主要工作职责，在工作中、在安全方面做得好的地方以及做得不够好的地方，询问不同岗位员工对所在岗位所需核心素质的建议以及对工作的感受和建议，从而分析出可能存在的问题，在量化研究的基础上，增加了质性研究，使得研究结果更加具有说服力。

### （三）问卷调查法

问卷调查法主要是向研究对象发放调查问卷，让其根据自己的实际情况填写选项，以此收集数据进行研究的方法。

为检验系统题库信效度，以及对电网安全人员整体心理素质进行研究，本项目访谈开始前一周，就要求国网湖北省电力有限公司试点单位人员每天随机从题库中抽取一份电网员工安全心理自评问卷进行填写，这套问卷包含的维度如下：①心理承受力；②意志力；③侥幸心理；④麻痹心理；⑤冒险心理；⑥紧张心理；⑦倦怠心理；⑧应对方式；⑨情绪稳定性；⑩工作稳定性。每套问卷 32 道题目，每个维度按照 4∶2∶4∶2∶2∶4∶2∶4∶4∶4 比例分配相应数量的题目。同时，要求班组长、副班长、负责人每周填写一次电网员工安全心理他评问卷，问卷分为安全心理边缘素质、安全执行力、工作心态和安全意识四个部分。最后收集全员这四周的测试结果，用于之后的统计分析。本次项目共收集了 2384 份自评问卷数据和 69 份他评问卷数据。

（四） 统计分析法

统计分析法指运用统计软件，对调查获取的各种数据及资料进行统计和分析的研究方法。

本项目主要通过 SPSS23.0 和 AMOS17.0 统计软件对问卷收集到的数据进行处理和分析。首先，对施测收回的数据进行信度检验，得出总题本和各分维度题本的指标可靠性；然后，采用因子分析法对题本的结构效度进行分析，同时采用 CR 项目分析检验题本的区分度；最后，通过描述性分析、相关分析、差异性分析等方法，研究员工整体安全心理素质现状，并对研究结果展开进一步讨论。

### 4.2.2 研究对象

为验证安全心理预警测评量表的可行性，我们以国网湖北省电力有限公司的员工为研究对象，研究以自评、他评、访谈三种形式展开。

### 4.2.3 研究工具

为全面了解国网湖北省电力有限公司员工的安全心理状况，以及员工对安全心理预警测评量表的评价和反馈，我们组建了研究团队，并设计自评问卷、他评问卷和安全心理访谈提纲作为研究工具进行数据收集。

（一） 访谈人员

本次研究团队由 16 名成员组成，来自武汉大学发展与教育心理学研究所，访谈人员均科学、系统、全面地接受过质性研究方法培训，具有一定的专业知识储备和专业技能素养。为保证研究顺利进行，访谈开始前，团队多次召开组会，讨论访谈实施需要注意的具体事项，了解被访安全人员的工作性质及工作内容，并要求全体人员秉持认真、负责、严谨、高效的原则开展研究。

（二） 安全心理访谈提纲

安全心理访谈提纲分为三个部分，第一部分为被访安全人员对测评量表的评价和意见反馈；第二部分为该员工的工作内容、工作时间、工作环境等；第三部分为该员工从事该岗位工作期间在安全方面做得较为满意和不满意的事情，以及对避免危险情境或安全事故发生的期待和建议。本次访谈既收集访谈对象关于题本的反馈意见，也对电力员工的心理素质进行研究。

### 4.2.4 研究过程

研究过程流程如图 4－2 所示。

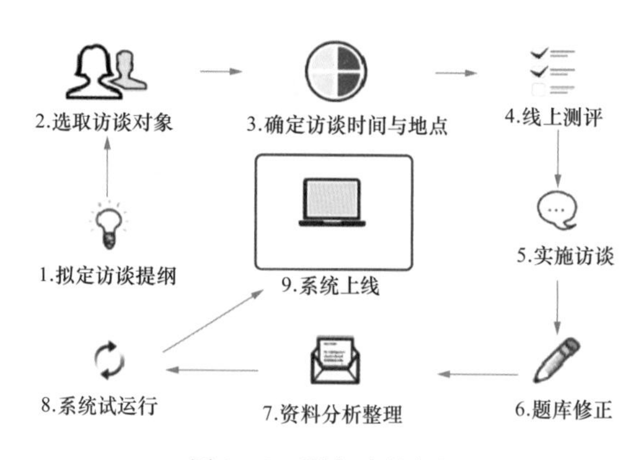


图 4－2　研究过程流程

（一）拟定访谈提纲

根据项目要求，在听取专家意见的基础上，查阅文献、参考前人研究，制定出访谈提纲，并多次开会讨论，反复修改。访谈内容针对生理、心理、工作环境三个方面展开，力求全方位、全面具体地挖掘受访者的内心体验。访谈提纲仅具有参考价值，访谈过程中会出现很多偶然因素，比如受访者可能会答非所问或者带偏访谈方向，这就要求访谈人员充分熟悉访谈内容，牢记本次研究的目的与思路框架，善于控场，把握访谈的主动权。

（二）选取访谈对象

本次选取的访谈对象均为国网湖北省电力有限公司试点单位——武汉市蔡甸区供电公司生产一线的员工，共 113 人，包括班组长和普通班组成员。在本研究中，我们以研究者的身份接触访谈对象。接触这些对象时，研究员会根据他们的年龄、性别等特征，选择合适的称呼及交流内容。通过简要说明，让访谈对象了解本次访谈的目的，以及需要他（她）配合的地方。

### （三） 确定访谈时间与地点

访谈用时三天（2018年11月19日至21日），地点设立在国网武汉供电公司。

### （四） 线上测评

访谈开始两周前，要求各单位安排的负责人组织受访者在手机浏览器上进行集体施测。每天随机从题库中抽取一套自评问卷，每套问卷包括32个题目，对应安全心理的十个维度。班组长需要另外填写一份他评问卷，用于评价组员每天状态。答题完毕后测评系统后台自动收到测评结果，并将测评情况及时反馈给各班组。测评经历四周时间，测评结束后将收集的安全心理自评问卷及他评问卷的数据结合访谈结果进行分析，以验证安全心理预警测评量表的可行性。

### （五） 实施访谈

访谈分六组同步进行，每组两名研究人员，分别负责访谈和记录，要求尽可能记录受访者的原话。研究人员提前进入访谈地点，确认好访谈位置，准备好电脑、纸、笔等访谈工具，并熟悉访谈提纲。访谈开始前，向受访者介绍访谈人员基本信息及访谈目的，并通过聊一些简单轻松的话题，缓和紧张氛围，消除受访者的防卫心理。

### （六） 题库修正

为完善题库内容，使题目设置更加科学、合理，我们专门安排受访者反复研读问卷，找出问卷中设置不恰当的题目，提出自己的修改意见或者建议，方便后期改进，以便使题库更加准确地反映安全人员的心理状态。

### （七） 资料分析整理

访谈结束后，研究者尽可能在24小时之内将访谈记录逐句转录为word文字，并标注停顿、音调、语气等。转录完毕，研究者结合访谈笔记，标注访谈过程中访谈对象的非语言信息，如喝水、低头、看手机等。补充完毕后，研究者会再次进行核对，以确保信息正确。

对转录文本进行隐私化处理，并设置文档格式，如编号、页码等信息。结合访谈记录以及收集到的量表测评数据，对量表进行统计分析，检验其信效度，并对题库加以修缮，形成打磨过后的测评题本。

（八）系统试运行

将打磨后的测评题本导入系统后进行试运行。对试运行的结果进行分析并收集反馈意见，找出系统运行中存在的问题及原因，不断修改完善。

（九）系统上线

完成《安全心理预警测评系统使用说明书》，将开发完成的系统投入真实的运营环境中进行使用和测试。

## 安全心理预警测评系统研究结果

### 4.3.1 安全心理预警测评量表信、效度检验结果

（一）安全心理预警测评量表信度检验结果

信度分析主要是检验量表在度量相关变量时是否具有稳定性和一致性。具体来说，是指检验量表内部各个题项间相符合的程度以及两次度量结果前后是否具有一致性。为了检验安全心理预警测评量表的稳定性、等值性和内部一致性，对量表进行了信度检验，采用的信度系数是较为常用的克隆巴赫 $a$ 系数。它首先是对各个评估项目做基本描述统计，计算各个项目的简单相关系数及剔除一个项目后其余项目间的相关系数，以及各个潜变量的信度和整个量表的信度。可靠性统计表、相关指标详表如表 4－1、表 4－2 所示。

表 4-1　可靠性统计表

| 可靠性分析 | |
|---|---|
| 克隆巴赫 α 系数 | 项目数 |
| 0.729 | 10 |

表 4-2　相关指标详表

| 指标 | 项目删除后量表均值 | 项目删除后量表变异性 | 题总相关（CITC） | 项目删除后克隆巴赫 α 系数变异性 |
|---|---|---|---|---|
| 心理承受力 | 18.33 | 22.886 | 0.453 | 0.697 |
| 意志力 | 19.17 | 25.039 | 0.299 | 0.723 |
| 侥幸心理 | 19.46 | 23.034 | 0.610 | 0.675 |
| 麻痹心理 | 19.53 | 23.474 | 0.526 | 0.687 |
| 冒险心理 | 18.52 | 25.639 | 0.140 | 0.761 |
| 紧张心理 | 19.18 | 24.484 | 0.554 | 0.699 |
| 倦怠心理 | 19.11 | 24.206 | 0.505 | 0.705 |
| 应对方式 | 19.46 | 24.792 | 0.504 | 0.696 |
| 情感稳定性 | 18.59 | 25.127 | 0.253 | 0.732 |
| 工作稳定性 | 20.00 | 25.898 | 0.588 | 0.700 |

本次施测结果得出的总克隆巴赫 α 系数为 0.729，表明指标可靠性是可以接受的。同时，侥幸心理、麻痹心理、紧张心理、倦怠心理、应对方式以及工作稳定性等维度的 CITC 大于 0.5，直接保留题本，心理承受力、意志力、冒险心理以及情感稳定性等维度的题本则需要进一步打磨。总体来说，题本的信度是比较理想的。

（二）安全心理预警测评量表效度检验结果

1. 效度分析

效度（validity）即有效性，它是指测量工具或手段能够准确测出所需测量的事物的程度。效度是指所测量到的结果反映想要考察内容的程度，测量结果与要考察的内容越吻合，则效度越高；反之，则效度越低。效度分为三种类型：内容效度、准则效度和结构效度。

本研究衡量的是题本的结构效度（construct validity），具体是指测量结果体现出来的某种结构与测值之间的对应程度。结构效度分析所采用的方法是因子分析。同时，因子分析是效度分析的最理想的方法。因为只有它才能测度效度分析过程及其有效项目，解释整个量表变异型态的百分率。

**表 4 -3　效度分析表**

| KMO 值和巴特利特球形检验 | |
| --- | --- |
| KOM 值 | 0.840 |
| 巴特利特球形检验　近似卡方值 | 3082.824 |
| 自由度 | 45 |
| 显著性（*P* 值） | 0.000 |

可以从表 4 -3 中看出 KMO 统计量为 0.840，大于最低标准，说明适合做因子分析，巴特利特球形检验，$P<0.001$，适合做因子分析。

**表 4 -4　总方差解释率表**

| 总方差解释率 | | | | | | | | | |
| --- | --- | --- | --- | --- | --- | --- | --- | --- | --- |
| | 特征根 | | | 旋转前方差解释率 | | | 旋转后方差解释率 | | |
| 序号 | 总计 | 方差解释 | 累积% | 特征根 | 方差解释 | 累积% | 特征根 | 方差解释 | 累积% |
| 1 | 3.767 | 37.667 | 37.667 | 3.767 | 37.667 | 37.667 | 3.761 | 37.607 | 37.607 |
| 2 | 2.233 | 22.328 | 59.995 | 2.233 | 22.328 | 59.995 | 2.239 | 22.388 | 59.995 |
| 3 | 0.794 | 7.944 | 67.939 | — | — | — | — | — | — |
| 4 | 0.599 | 5.988 | 73.927 | — | — | — | — | — | — |
| 5 | 0.583 | 5.832 | 79.760 | — | — | — | — | — | — |
| 6 | 0.505 | 5.048 | 84.808 | — | — | — | — | — | — |
| 7 | 0.455 | 4.546 | 89.354 | — | — | — | — | — | — |
| 8 | 0.412 | 4.122 | 93.475 | — | — | — | — | — | — |
| 9 | 0.364 | 3.642 | 97.117 | — | — | — | — | — | — |
| 10 | 0.288 | 2.883 | 100.000 | — | — | — | — | — | — |
| 提取方法：主成分分析 | | | | | | | | | |

从表4－4中可以看出，前2个主成分特征值较大，他们的累积贡献率达到了59.995%，故选择前2个公共因子。

**表4－5　指标变量共性方差表**

| 公因子方差 | | |
|---|---|---|
| 指标 | 初始值 | 提取值 |
| 心理承受力 | 1.000 | 0.773 |
| 意志力 | 1.000 | 0.392 |
| 侥幸心理 | 1.000 | 0.664 |
| 麻痹心理 | 1.000 | 0.513 |
| 冒险心理 | 1.000 | 0.647 |
| 紧张心理 | 1.000 | 0.599 |
| 倦怠心理 | 1.000 | 0.494 |
| 应对方式 | 1.000 | 0.617 |
| 情感稳定性 | 1.000 | 0.724 |
| 工作稳定性 | 1.000 | 0.576 |
| 提取方法：主成分分析 | | |

表4－5结果显示，几乎每一个指标变量的共性方差都在0.5以上，说明这2个公因子能够很好地反映原始各项指标变量的绝大部分内容。

**表4－6　经转轴后的因子负荷矩阵表**

| 经转轴后的因子负荷矩阵 | | |
|---|---|---|
| 指标 | 因子值 | |
| | 1 | 2 |
| 心理承受力 | 0.202 | 0.856 |
| 意志力 | 0.591 | －0.206 |
| 侥幸心理 | 0.800 | 0.157 |
| 麻痹心理 | 0.709 | 0.100 |
| 冒险心理 | －0.125 | 0.795 |
| 紧张心理 | 0.767 | －0.102 |
| 倦怠心理 | 0.694 | －0.109 |
| 应对方式 | 0.785 | －0.029 |
| 情感稳定性 | －0.052 | 0.849 |
| 工作稳定性 | 0.723 | 0.232 |
| 提取方法：主成分分析。旋转方法：正交旋转法 | | |

通过表4-6可以看出，经过旋转后，表中各变量根据负荷量的大小进行了排列，旋转前后的因子矩阵有明显差异，旋转之后的负荷量明显地向0和1两极分化了。从旋转后的矩阵表中可以看出，侥幸心理和应对方式在因子1上有较大载荷，心理承受力和情感稳定性在因子2上有较大载荷。

表4-7 因子转换矩阵表

| 因子转换矩阵 | | |
|---|---|---|
| 因子值 | 1 | 2 |
| 1 | 0.998 | 0.063 |
| 2 | -0.063 | 0.998 |

表4-7是因子转换的矩阵。

总体来说，本次施测获得的数据反映，题本具有较高的效度，可用于进一步大规模施测。

**2. CR项目分析**

项目分析的目的是求出问卷个别题项的决断值——CR值。CR值又称临界比，是根据测验总分区分出高分组和低分组后，再求高低两组在每个题项上的平均差异显著性，以此筛选出未达到显著性水平的题项并删除。

在表4-8CR项目分析表中，先看“莱文方差等同性检验”结果，如果 $P<0.05$，表明两个组别群体方差不相等，此时 $t$ 检验数据要选用第二行“假设不等方差”对应的 $P$ 值，如果 $P>0.05$，说明两个组别群体总体方差相等，应选用第一行“假设方差相等”对应的 $P$ 值。最后如果所选的 $P<0.05$，则认为该题目具有鉴别度。

从表4-8分析的结果可以看出，本研究所用题本的每一维度都具有较高的区分度。

### 4.3.2 安全心理预警测评量表运行反馈

#### （一）安全心理预警测评量表运行总体反馈

整体来说，电网员工普遍反映本次量表的题目设计较为合理，符合他们在工作中出现的心理和情绪表现。在他们前期的测评反馈中，被测试人

表 4 -8　CR 项目分析表

| 维度 | | 莱文方差等同性检验 | | 平均值等同性 $t$ 检验 | | | | | | |
|---|---|---|---|---|---|---|---|---|---|---|
| | | | | | | | | | 差值 95% 置信区间 | |
| | | $F$ | 显著性 | $t$ | 自由度 | $P$. 显著性（双尾） | 平均值差值 | 标准误差差值 | 下限 | 上限 |
| 1 | 假定等方差 | 9. 701 | 0. 002 | 25. 963 | 1286 | 0. 000 | -1. 338 | 0. 052 | -1. 439 | -1. 237 |
| | 不假定等方差 | | | -25. 963 | 1276. 228 | 0. 000 | -1. 338 | 0. 052 | -1. 439 | -1. 237 |
| 2 | 假定等方差 | 19. 349 | 0. 000 | -23. 658 | 1286 | 0. 000 | -1. 199 | 0. 051 | -1. 298 | -1. 099 |
| | 不假定等方差 | | | -23. 658 | 1255. 135 | 0. 000 | -1. 199 | 0. 051 | -1. 298 | -1. 099 |
| 3 | 假定等方差 | 143. 084 | 0. 000 | -29. 476 | 1286 | 0. 000 | -1. 217 | 0. 041 | -1. 298 | -1. 136 |
| | 不假定等方差 | | | -29. 476 | 1071. 310 | 0. 000 | -1. 217 | 0. 041 | -1. 298 | -1. 136 |
| 4 | 假定等方差 | 274. 066 | 0. 000 | -31. 831 | 1286 | 0. 000 | -1. 421 | 0. 045 | -1. 508 | -1. 333 |
| | 不假定等方差 | | | -31. 831 | 956. 839 | 0. 000 | -1. 421 | 0. 045 | -1. 508 | -1. 333 |
| 5 | 假定等方差 | 4. 865 | 0. 028 | -20. 151 | 1286 | 0. 000 | -1. 249 | 0. 062 | -1. 371 | -1. 128 |
| | 不假定等方差 | | | -20. 151 | 1280. 559 | 0. 000 | -1. 249 | 0. 062 | -1. 371 | -1. 128 |
| 6 | 假定等方差 | 15. 244 | 0. 000 | -21. 502 | 1286 | 0. 000 | -0. 964 | 0. 045 | -1. 052 | |
| | 不假定等方差 | | | -21. 502 | 1254. 183 | 0. 000 | -0. 964 | 0. 045 | -1. 052 | -0. 876 |
| 7 | 假定等方差 | 26. 572 | 0. 000 | -25. 338 | 1286 | 0. 000 | -1. 255 | 0. 050 | -1. 352 | -1. 158 |
| | 不假定等方差 | | | -25. 338 | 1250. 183 | 0. 000 | -1. 255 | 0. 050 | -1. 352 | -1. 158 |

续表

| 维度 | | 莱文方差等同性检验 | | 平均值等同性 $t$ 检验 | | | | | | |
|---|---|---|---|---|---|---|---|---|---|---|
| | | | | | | | | | 差值 95% 置信区间 | |
| | | $F$ | 显著性 | $t$ | 自由度 | $P$. 显著性（双尾） | 平均值差值 | 标准误差差值 | 下限 | 上限 |
| 8 | 假定等方差 | 47.819 | 0.000 | -26.759 | 1286 | 0.000 | -1.028 | 0.038 | -1.103 | -0.953 |
| | 不假定等方差 | | | -26.759 | 1198.407 | 0.000 | -1.028 | 0.038 | -1.103 | -0.953 |
| 9 | 假定等方差 | 0.020 | 0.887 | -21.876 | 1286 | 0.000 | -1.177 | 0.054 | -1.282 | -1.071 |
| | 不假定等方差 | | | -21.876 | 1285.952 | 0.000 | -1.177 | 0.054 | -1.282 | -1.071 |
| 10 | 假定等方差 | 296.382 | 0.000 | -23.663 | 1286 | 0.000 | -0.669 | 0.028 | -0.725 | -0.614 |
| | 不假定等方差 | | | -23.663 | 1037.822 | 0.000 | -0.669 | 0.028 | -0.725 | -0.614 |

员认为测评的题目设计较好，有较强的现实意义，未发现过多明显问题，但仍存在对题目设计等一些可行的修改建议，我们可以进一步从以下几点展开题本的优化工作。

（1）量表部分题目存在不符合一线员工工作实际的情况。比如，许多一线员工在访谈时告知我们，他们每次上工最少会派两个人，多则五人左右，因此必定会有人在旁监督，不可能出现题目中设计的一个人上工的情景，或者没有监管人员在旁这种现象。

（2）量表部分题目过于书面化，有些题目难以理解。因为访谈的对象大部分学历在大专及以下，过于书面化可能增加了他们的答题难度，因此建议将一些过于书面化的语句改成口语化的语句，从而改善量表效果。

（3）增加部分测评题目。根据员工需求的反馈，可以出一些具有趣味性并且能够提高工作积极性的题目，这些题目无需涉及过多具体的工作内容。

（4）部分题目需要更改选项的出现顺序。部分员工有习惯性地选择某个选项或存在社会赞许的效应，也就是说原量表在题目设置中最好不要同一部分出现一类相似的题目，而且可以通过几题选项正序后增加几题选项倒序的题目，检验员工答题的真实性，增加量表的有效度。

### （二）安全心理预警测评量表运行具体题目反馈

#### 1. 心理承受力题本反馈

基于信效度检验与员工反馈的实际生活情况，我们对于题本内心理承受力的相关题目作出了以下的调整。

将题本一中“心理承受力”这一维度的第五题“我组长因为一些误会而错怪了我，我会……”的 B 选项“B. 充分理解班组长的评价，并且不卑不亢，继续努力工作”更改成为“B. 努力站在班组长的角度尽可能去理解他，有则改之无则加勉，并且不卑不亢，继续努力工作”。

将题本八中“心理承受力”这一维度的第七十三题“每次开会的时候，班组长都说让大家共同提意见，但是最终被采取的却很少，而有的时候却责怪我们不多提意见，不利于队伍的建设，我会感到愤懑不平，并且不会主动与组长沟通，只会暗自和同事们抱怨这些事情”的问题设置改成为“在开大会的时候，上层领导都说让大家共同提意见，但是最终被采取的却很少，而有的时候却责怪我们不多提意见，不利于队伍的建设，我会感到愤懑不平，并且不会主动与上层领导沟通，只会暗自和同事们抱怨这些事情。”

将题本九中“心理承受力”这一维度的第八十一题“组织时常会以我们的业绩水平来对我们作出评价，如果业绩不好很有可能面临着被开除的风险，我虽然知道这是组织的一种有效方法，但是却让我觉得很不好受，很被迫……”的问题设置改为“组织时常会以我们的业绩水平来对我们作出评价，如果业绩不好很有可能面临着被扣钱的风险，我虽然知道这是组织的一种有效方法，但是却让我觉得很不好受，很被迫……”

**2. 意志力题本反馈**

基于信效度检验与员工反馈的实际生活情况，我们对于题本内意志力的相关题目作出了以下的调整。

将题本一中“意志力”这一维度的第十题“如果公司有如下的奖赏政策，一种是如果愿意积累功绩，可以在时间到了的时候兑换一个更好的奖励；另一种选择是一有功绩我就可以得到一个小奖赏，我会……”的题目设置更改为“如果公司有如下的奖赏政策，一种是如果愿意积累功绩，可以在累计到一定数量的时候，兑换一个更好的奖励；另一种选择是一有功绩我就可以得到一个小奖赏，我会……”

将题本二中“意志力”这一维度的第十一题“我正在朋友家中，茶几上放着一盒我爱吃的巧克力，但朋友似乎无意给我吃，当她离开房间时，我会……”的题目设置更改为“我正在朋友家中，茶几上放着一盒我爱吃的零食，但朋友似乎无意给我吃，当她离开房间时，我会……”，并将选项 B“B. 偷偷吞下一块巧克力，不让朋友发现”更改为“B. 偷偷打开吃一些，然后把零食尽量复原放回原处，希望不让朋友发现”。

### 3. 侥幸心理题本反馈

基于信效度检验与员工反馈的实际生活情况，我们对于题本内侥幸心理的相关题目作出了以下的调整。

将题本一中“侥幸心理”这一维度的第一题“有一件事需要我花十分力去做，我会……”的 B 选项“B. 找到提高效率的方法，减少一份力”更改为“B. 先做着看看，说不定我能找到省力的方法呢”。

将题本四中“侥幸心理”这一维度的第三十四题“故障的情况下，需要我携带口罩等安全防护工具，但是没带，我会……”的问题设置更改为“上工时若出现需要戴口罩等安全防护工具的情况，但我忘记带了，我会……”

将题本六中“侥幸心理”这一维度的第五十七题“反正又没有安全监督人员在旁边看，违反规定不会被处分，工作时会图方便”的问题设置更改为“反正安全监督人员也没有认真监督，违反规定不会被处分，工作时会图方便”。

### 4. 麻痹心理题本反馈

基于信效度检验与员工反馈的实际生活情况，我们对于题本内麻痹心理的相关题目作出了以下的调整。

将题本三中“麻痹心理”这一维度的第二十七题“对于家庭中一些与电有关的活动，比如换灯泡，我觉得……”的问题设置更改为“对于家庭中一些与电有关的情况，比如插座有些漏电，我觉得……”

将题本六中“麻痹心理”这一维度的第六十题“在没有人监管的情形下，我有时会使用无安全设施的设备或工具，因为完全按规范太耽误时间了，影响工作的完成”的问题设置更改为“我有时会使用无安全设施的设备或工具，因为完全按规范太耽误时间了，影响工作的完成”。

### 5. 冒险心理题本反馈

基于信效度检验与员工反馈的实际生活情况，我们对于题本内冒险心理的相关题目作出了以下的调整。

将题本四中“冒险心理”这一维度的第三十一题“我辛辛苦苦积攒了

相当可观的一笔钱，这时朋友请我去投资某种风险事业，可能赚上一笔钱，也可能会丢掉全部投资。我会……”的问题设置更改为“辛辛苦苦投资挣了相当可观的一笔钱，这时朋友请我再次投资某种风险事业，可能赚上一笔钱，也可能全赔了攒不了钱。我会……”

将题本六中“冒险心理”这一维度的第五十三题“上司告诉我裸露的高压电线里没有电流，我敢用手去触摸它”的问题设置更改为“在有人告知我裸露的高压电线里没有电流后，我敢用手去触摸它”。

将题本九中“冒险心理”这一维度的第八十一题“在没有人监管的情形下，我有也不会使用无安全设施的设备或工具”的问题设置更改为“在当天心情不佳时，我也不会使用无安全设施的设备或工具”。

将题本九中“冒险心理”这一维度的第八十三题“我偶尔会攀坐不安全位置”的问题设置更改为“在高空作业时，我有时候会出现不安全的攀爬行为”。

将题本十中“冒险心理”这一维度的第九十二题“没有经过训练，我不敢驾驶帆船”的问题设置更改为“假如没有经过专业的训练，我不敢驾驶帆船”。

将题本十中“冒险心理”这一维度的第九十七题“今天的工作危险性较大，他人面前，我敢为人先”的问题设置更改为“今天的工作危险性较大，但我敢冲在最前面做事”。

**6. 紧张心理题本反馈**

基于信效度检验与员工反馈的实际生活情况，我们对于题本内紧张心理的相关题目作出了以下的调整。

我们将题本三中“紧张心理”这一维度的第二十三题“在进行日常的维护工作时，和我一起上工的组员说，这没什么好查的，随便看一看就行，此时我……”的问题设置更改为“在进行日常的维护工作时，和我一起上工的组员说，任务太多，检查这里的时候我们尽可能最快地把这里处理好，此时我……”

我们将题本五中“紧张心理”这一维度的第四十三题“在一个人上工

时，我有时会感到慌张，即使完成正常的操作也手忙脚乱”的问题设置更改为“当遇到一些技术难点时，我有时会感到慌张，即使完成正常的操作也手忙脚乱”。

**7. 应对方式题本反馈**

基于信效度检验与员工反馈的实际生活情况，将题本一中“应对方式”这一维度的第一题“出工时与同事出现了意见不统一，我会……”的C选项“C. 坚持己见，自己是为了大局考虑”更改为“C. 坚持己见，毕竟自己的意见是为大家好，而同事的意见过于片面”。

**8. 他评调查问卷**

基于信效度检验与员工反馈的实际生活情况，对于他评调查问卷的相关题目作出了以下的调整。

将“一、安全心理边缘素质”内的生理指标层面的第五点“（5）该员工今天看上去身体比平时要肿”更改为“（5）该员工今天身体比较浮肿”。

将“一、安全心理边缘素质”内的安全知识技能水平层面的第五点“（5）该员工并不具有即将上工所具有的技能”更改为“（5）该员工对于上工所需的所有技能并未完全掌握。”

将“一、安全心理边缘素质”内的安全知识技能水平层面的第六点“（6）该员工才刚刚开始从事这项工作不久/已经非常多年”更改为“（6）该员工从事此工作的工龄很长/该员工刚刚从事此工作”。

### 4.3.3 安全心理预警测评量表测评结果

#### （一）安全心理预警自评量表测评结果

**1. 心理承受力**

图4－3反映了心理承受力维度分低于、高于常模分比率。由图可知，25%的人高于常模分，75%的人低于常模分。表4－9反映了该维度与常模的差异比较。由表可知，心理承受力分3.19，低于常模标准分4.4分，差异显著，可知被调查人员的当前的心理承受力普遍较强。在面对困境时，对心理压力和负性情绪有较好的调节能力。

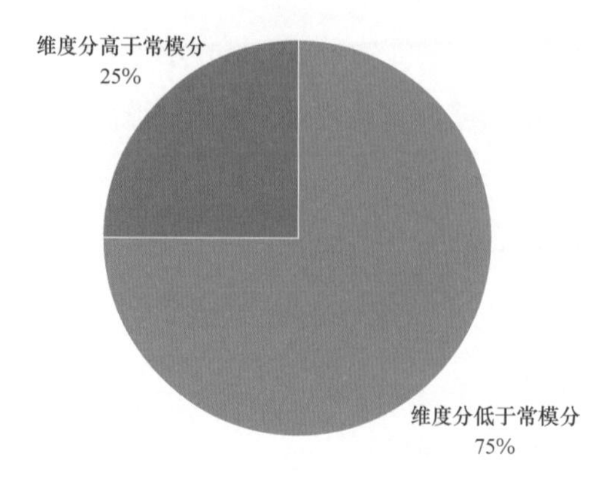


图 4-3 心理承受力维度分低于、高于常模分比率

**表 4-9 心理承受力与常模的差异比较表**

| 维度 | *M* | *SD* | *t* | *P* |
| --- | --- | --- | --- | --- |
| 心理承受力 | 3.19 | 1.25 | $-47.60^{***}$ | 0.00 |

注：$^{*}$ 表示 $P<0.1$，$^{**}$ 表示 $P<0.05$，$^{***}$ 表示 $P<0.01$。

## 2. 意志力

图 4-4 反映了意志力维度分低于、高于常模分比率。由图可知，低于常模分人数的比率为 4%，而高于常模分人数的比率为 96%，表明被测人员的意志力水平存在一定的问题。表 4-10 反映了该维度与常模的差异比较。由表可知，维度平均分 1.91，高于常模标准分 1.4 分，差异显著，可知被调查人员当前的意志力水平较弱。在工作中可能很容易受外界影响，从而在困难中不断怀疑自己的能力。

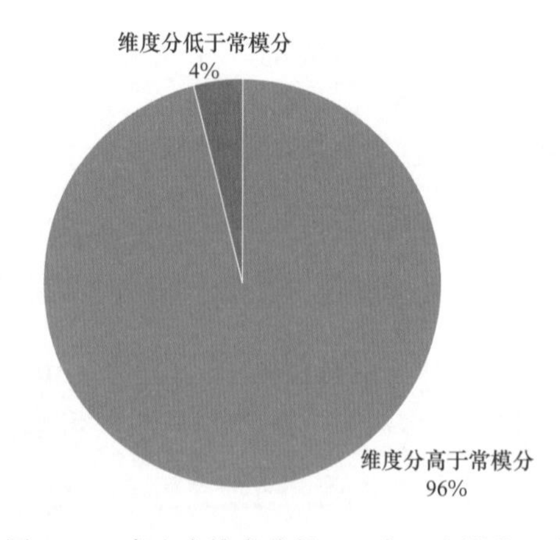


图 4-4 意志力维度分低于、高于常模分比率

表 4－10　心理意志力与常模的差异比较

| 维度 | $M$ | $SD$ | $t$ | $P$ |
|---|---|---|---|---|
| 心理意志力 | 1.91 | 1.03 | 24.04*** | 0.00 |

注：* 表示 $P<0.1$，** 表示 $P<0.05$，*** 表示 $P<0.01$。

### 3. 侥幸心理

图 4－5 反映了侥幸心理维度分低于、高于常模分比率。由图可知，低于常模分人数的比率为 37%，高于常模分人数的比率为 63%，表明被测人员普遍不存在侥幸心理。表 4－11 反映了该维度与常模的差异比较。由表可知，维度平均分 1.75，低于常模标准分 3.6 分，差异显著，可知被调查人员当前的警惕性较强。在工作中具有脚踏实地的态度，能够认真地完成上级交给自己的任务。

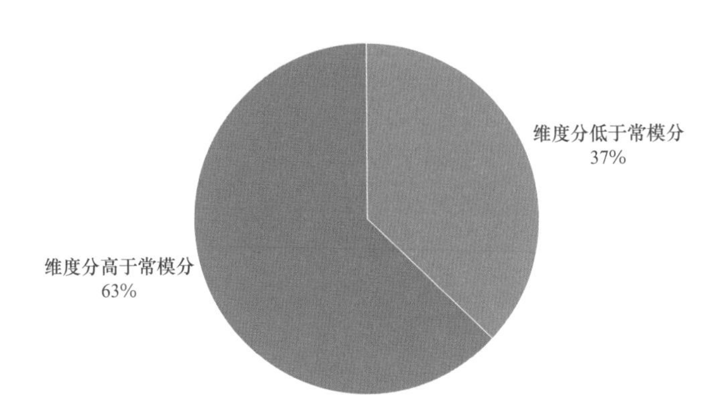


图 4－5　侥幸心理维度分低于、高于常模分比率

表 4－11　侥幸心理与常模的差异比较

| 维度 | $M$ | $SD$ | $t$ | $P$ |
|---|---|---|---|---|
| 侥幸心理 | 1.75 | 0.86 | －105.82*** | 0.00 |

注：* 表示 $P<0.1$，** 表示 $P<0.05$，*** 表示 $P<0.01$。

### 4. 麻痹心理

图 4－6 反映了麻痹心理维度分低于、高于常模分比率。由图 4－6 可知，低于常模分人数的比率为 53%，高于常模分人数的比率为 47%，表明被测人员存在一定的麻痹心理。表 4－12 反映了该维度与常模的差异比较。由表 4－12 可知，维度平均分 1.62，高于常模标准分 1.2 分，差异显著，

可知被调查人员当前可能存在一定麻痹心理，可能出现由于安全意识淡薄、疏忽大意或凭借以往没有出过事故的“经验”而产生主观上的过失或过错的一种心理。

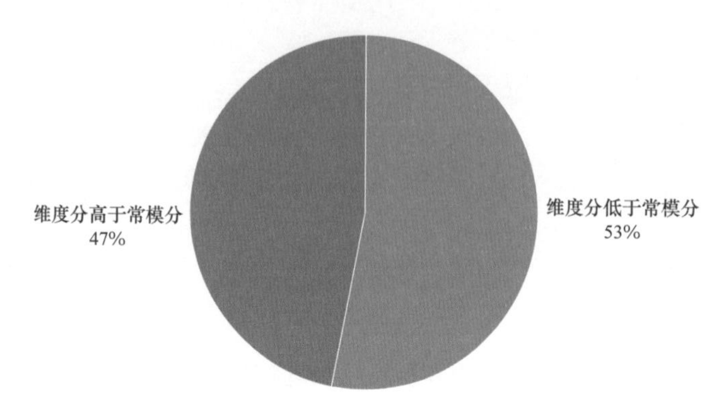


图4－6　麻痹心理维度分低于、高于常模分比率

**表4－12　麻痹心理与常模的差异比较**

| 维度 | *M* | *SD* | *t* | *P* |
| --- | --- | --- | --- | --- |
| 麻痹心理 | 1.62 | 0.95 | 25.51*** | 0.00 |

注：* 表示 $P<0.1$，** 表示 $P<0.05$，*** 表示 $P<0.01$。

### 5. 冒险心理

图4－7反映了冒险心理维度分低于、高于常模分比率。由图可知，低于常模分人数的比率为22%，高于常模分人数的比率为78%，表明被测人员还是存在一定的冒险心理。表4－13反映了该维度与常模的差异比较。由表4－13可知，维度平均分3.03，高于常模标准分1.8分，差异显著，

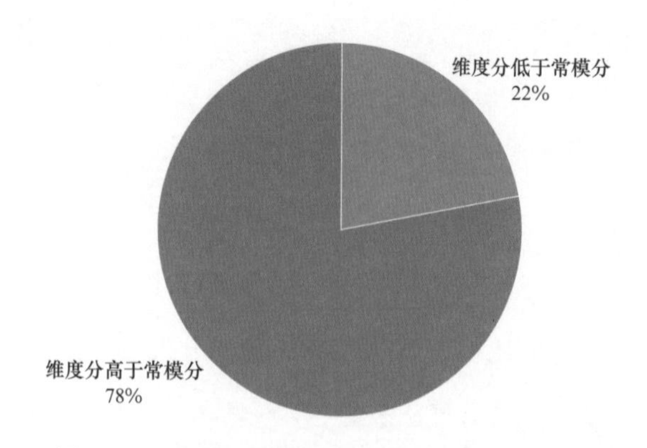


图4－7　冒险心理维度分低于、高于常模分比率

可知被调查人员当前可能存在一定冒险心理，可能存在为了达到一定的目的，不顾危险地进行某种活动的情况。

**表4－13　冒险心理与常模的差异比较**

| 维度 | *M* | *SD* | *t* | *P* |
|---|---|---|---|---|
| 冒险心理 | 3.03 | 1.43 | 42.11*** | 0.00 |

注：* 表示 $P<0.1$，** 表示 $P<0.05$，*** 表示 $P<0.01$。

### 6. 紧张心理

调研中发现96%的员工紧张心理的得分在常模范围内，只有4%的员工有明显的紧张心理表现，且显著区别于常模分，如图4－8所示。由表4－14可知，差异性检验的结果显示，显著性 $P$ 值为0，表明差异极其显著，因此后续需要对这4%的员工进行重点观察，通过提供工作和生活的多维度支持，缓解紧张心理。

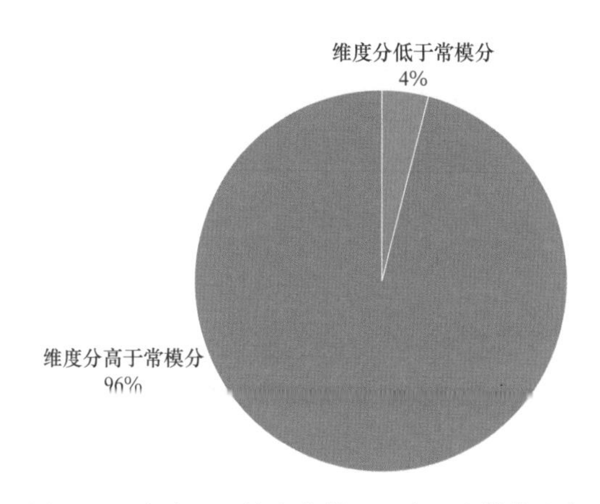


图4－8　紧张心理维度分低于、高于常模分比率

**表4－14　紧张心理与常模的差异比较**

| 维度 | *M* | *SD* | *t* | *P* |
|---|---|---|---|---|
| 紧张心理 | 1.85 | 0.87 | －92.00*** | 0.00 |

注：* 表示 $P<0.1$，** 表示 $P<0.05$，*** 表示 $P<0.01$。

### 7. 倦怠心理

图4－9反映了倦怠心理维度分低于、高于常模分比率。由图可知，低于常模分人数的比率与高于常模分人数的比率基本持平，均为50%，表明被

测人员还是存在一定的倦怠心理。表4－15反映了该维度与常模的差异比较。由表可知，维度平均分1.94，高于常模标准分1.8分，差异显著，可知被调查人员当前可能存在一定的倦怠心理，说明可能处于一种身心疲劳和耗竭的状态，不能负荷当前面对的压力。

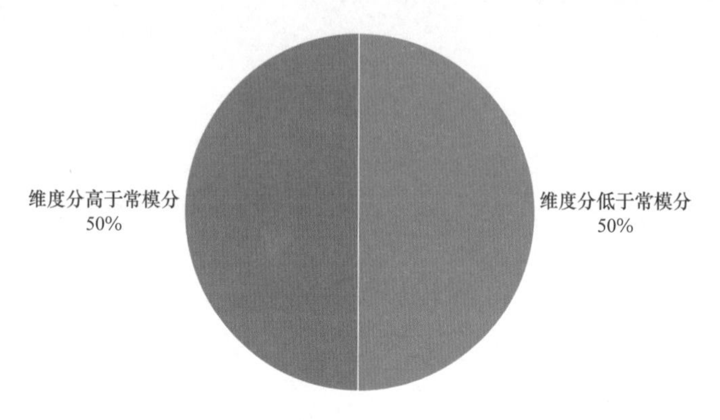


图4－9　倦怠心理维度分低于、高于常模分比率

**表4－15　倦怠心理与常模的差异比较**

| 维度 | *M* | *SD* | *t* | *P* |
|---|---|---|---|---|
| 倦怠心理 | 1.94 | 1.02 | 6.638*** | 0.00 |

注：* 表示 $P<0.1$，** 表示 $P<0.05$，*** 表示 $P<0.01$。

### 8. 应对方式

如图4－10所示，在应对方式中，97%的被测试人员在常模范围内，只有3%的员工数据显著高于普通人，可知大部分员工的应对方式比较积

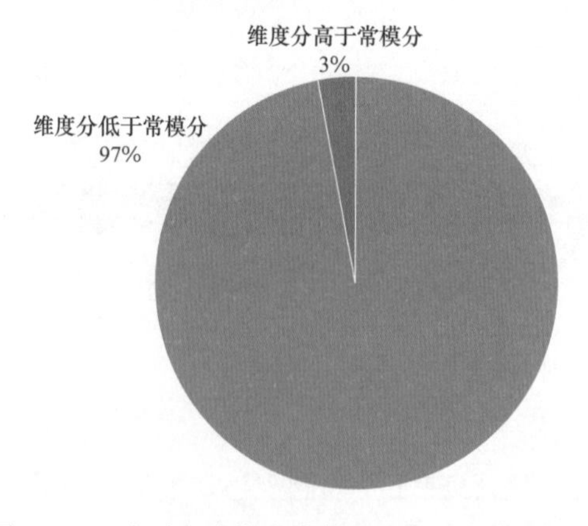


图4－10　应对方式维度分低于、高于常模分比率

极正面，对于突发事件能够很好地应对处理。从表4－16中可知，4%的被测试人员在应对方式量表上的得分显著区别于常模，显著性$P$值为0，因此这部分被测试人员在后续应对方式的学习、培训中，应给予重点关注与练习。

**表4－16　应对方式与常模的差异比较**

| 维度 | $M$ | $SD$ | $t$ | $P$ |
| --- | --- | --- | --- | --- |
| 应对方式 | 1.67 | 0.78 | $-108.54^{***}$ | 0.00 |

注：* 表示 $P<0.1$，** 表示 $P<0.05$，*** 表示 $P<0.01$。

### 9. 情绪稳定性

通过问卷测评，如图4－11所示，78%的员工情绪稳定良好，但仍有22%的员工在情绪稳定性的测评上，得分显著低于常模分，具体数据可以从表4－17中看出，22%的员工在差异显著性的得分上，$P$值为0，表明与常模的差异极其显著。电力行业，特别是一线作业的员工，情绪的稳定性直接影响到作业的安全性，因此要对这部分员工加强情绪识别、调整的能力，在工作中对自己的情绪敏感，发现不适合工作的状态，需要立即停工进行调整。

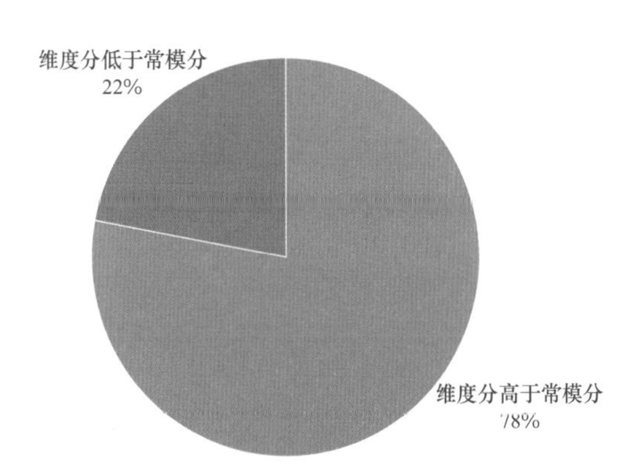


图4－11　情绪稳定性维度分低于、高于常模分比率

**表4－17　情绪稳定性与常模的差异比较**

| 维度 | $M$ | $SD$ | $t$ | $P$ |
| --- | --- | --- | --- | --- |
| 情绪稳定性 | 3.03 | 1.27 | $-48.01^{***}$ | 0.00 |

注：* 表示 $P<0.1$，** 表示 $P<0.05$，*** 表示 $P<0.01$。

第四章　安全心理预警测评研究

### 10. 工作稳定性

图4－12、表4－18表明了工作稳定性维度分的总体情况。工作稳定性维度的平均分为1.17，处于一个较低的水平。可知被测人员当前的工作稳定性状态良好，能够很好地完成和适应当前工作。

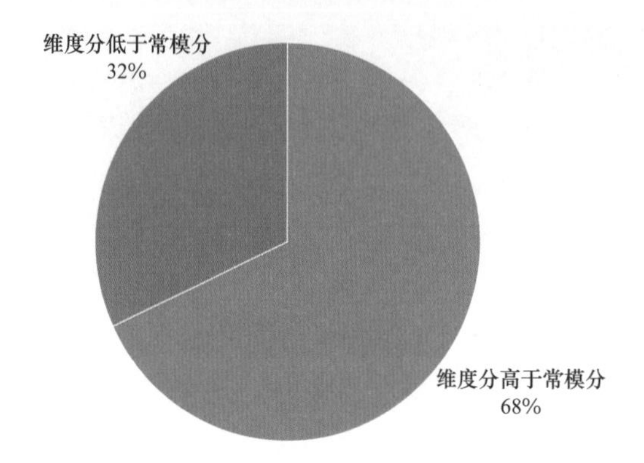


图4－12　工作稳定性维度分低于、高于常模分比率

表4－18　工作稳定性维度得分情况

| 维度 | *M* | *SD* | *Max* | *Min* |
| --- | --- | --- | --- | --- |
| 工作稳定性 | 1.17 | 0.51 | 3.00 | 0.00 |

### 11. 总分

表4－19反映了总分与常模的差异比较。由图4－13、表4－19可知，总分平均分21.15，低于常模分25.37分，低于常模分人数的比率为84%，高于常模分人数的比率为16%，差异显著，可知被调查人员当前情况总体良好。

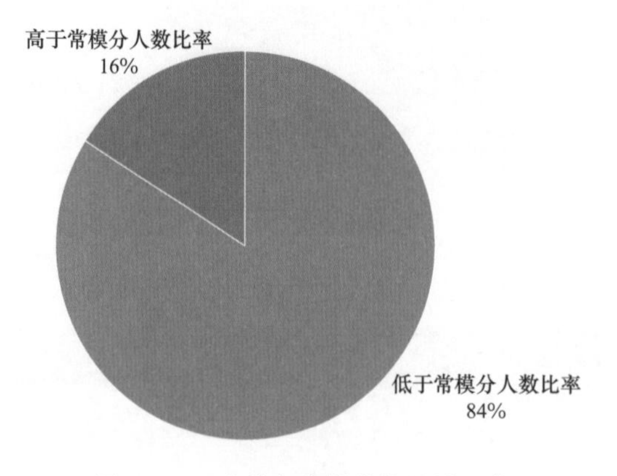


图4－13　总分与常模分的差异比率

表 4 – 19　总分与常模分的差异比较

| 维度 | $M$ | $SD$ | $t$ | $P$ |
| --- | --- | --- | --- | --- |
| 总分 | 21.15 | 4.75 | $-43.32^{***}$ | 0.00 |

注：* 表示 $P<0.1$，** 表示 $P<0.05$，*** 表示 $P<0.01$。

### （二）安全心理预警他评量表测评结果

安全心理预警他评量表是让班组长站在一个第三方的角度去客观评价其组员的心理安全现状，与自评量表相互补充，以求能够尽量准确地反映出员工的当前安全心理现状。尽管本次他评量表的试运行数据相对较少，但通过对本次他评量表试运行数据的结果分析（如图 4 – 14 所示），我们还是能够发现电力员工在以下几个维度中依旧存在一些问题，对员工的安全心理有较大影响。

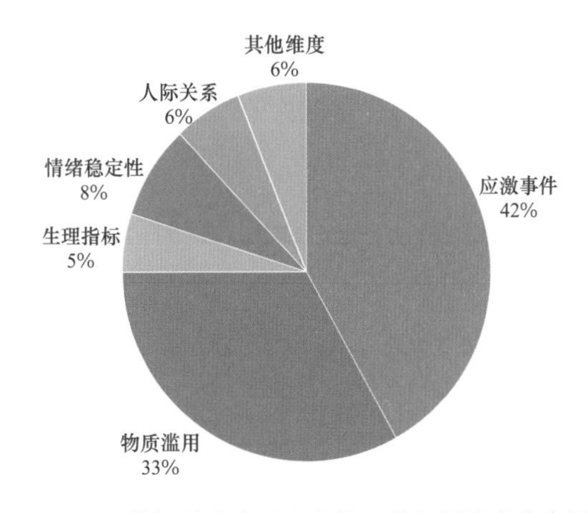


图 4 – 14　他评量表中不安全员工的问题维度分布图

#### 1. 应激事件

本次结果分析表明，42% 的不安全员工是因为受到生活中的应激事件的影响，从而造成其不安全的心理状态。这说明近半年、一个月或一周内，这些员工出了事故，或者目睹了事故的发生，或者家里出事了，造成其心理状态较差，已经明显影响了其正常工作，所以对于那些经历过或正在经历一些人生重大事件的员工，企业一定要加强对其心理状态的评估，不可忽视。

#### 2. 物质滥用

本次结果分析表明，33% 的不安全员工是受到了物质滥用的影响，即这些员工有比较强烈的物质依赖，有酗酒习惯或很强的烟瘾，一旦这些对烟、酒等物质的需求没有得到满足或者满足过度，都会对其正常的心理和行为功能造成影响。因此，企业一定要强制规定在上班期间决不允许员工存在抽烟、喝酒这样的行为，在招聘员工时也要对物质成瘾这一方面进行评估。

### 3. 生理状态

本次结果分析表明，5% 的不安全员工是受到自身生理状态不佳的影响，即这些员工的状态看起来明显不适合上工，有受伤现象或者是比较严重的显性疾病。心理生理本来就是相互影响的，所以一旦员工的生理状态存在明显的问题，那么其心理肯定会受到影响，从而造成行为上的失误。

### 4. 情绪稳定性

本次结果分析表明，8% 的不安全员工是由于情绪稳定性差而引起的不安全心理状态，即这些员工的情绪状态非常不稳定，有明显的焦虑、敌对、恐惧或者抑郁情绪，这些强烈的负面情绪会损害人的正常认知功能和行为功能，引起认知狭窄、注意力不集中、行为激进等问题。

### 5. 人际关系

本次运行结果还表明，6% 的不安全员工是由于人际关系的困扰而造成的不安全心理，即这些员工无法融入集体，沟通能力较差，不会去帮助工友，经常会与周围人发生冲突。因为人是社会关系的总和，一旦长期受到人际关系的困扰，其社会性的发展就会出现问题，造成其不能很好地适应当前的环境，容易出现心理问题，影响其正常的社会功能。所以，在企业内部要积极营造温暖的氛围，提倡员工之间互帮互助，多举行团建活动，帮助员工更好地融入集体，有集体归属感，员工干活才更有动力和效率。

### 6. 其他维度

除了以上五个影响较大的维度外，本次调查还发现有少数员工会存在诸如小的工作失误，安全知识技能水平欠佳，不熟悉应急预案等问题，虽然本次结果分析表明这些问题尚没有引发员工的不安全心理，但是仍要时刻警惕这些小问题并加以改善，防患于未然。

## 阶段性成果

### 4.4.1 完善安全心理预警测评系统题库

通过对测评过程中人员反馈的跟进和施测结束后的调查访谈，发现测评题本中存在着以下问题。

（一）题目内容问题

有参与测评的安全人员反映，自评问卷中的某些情景题的情景带入性不强，与自己的日常工作内容不一致，难以进行真实准确的反馈。

（二）题目数量问题

部分班组长和安全负责人表示，他评问卷的题目过多，且班组内每个成员都要评，耗时过久。

（三）指标不足问题

当前安全心理测评量表主要是从认知（五大不良心理）、情感情绪（情绪稳定性）、意志（承受力、意志力）以及行为倾向（应对方式）角度构建问卷。员工安全心理情感情绪测评只包含情绪的稳定性，存在维度指标不够齐全的问题。针对以上相关问题，我们对安全心理预警测评系统题库进行了优化完善，具体如下。

（1）对情景题进行了进一步的优化细分，针对不同岗位的人员进行访谈，了解他们的具体工作情境，包括一般会接触到什么人、用到什么设备、进行什么操作等。在此基础上，编制了适用于不同岗位的情景题。

（2）对已有题目进行了合并精简，维度整合，将重复冗杂的问题删除。随着一定阶段的测评开展，心理测评系统已经保留了大量测试数据，对于质量较差的题目，进行适当的修改或直接删除。

（3）针对题型单一的问题，对系统题库中的题目类型进行了扩充，新增了音频题、图片题、视频题等形式，使得题目形式更加多样，避免员工进行测评时产生倦怠情绪。

（4）新增“工作稳定性”维度，针对不同岗位员工，对工作状态进行大致评估，从而进一步了解员工职业倦怠、职业压力等。

### 4.4.2 完善安全心理测评预警系统

通过对系统使用过程进行追踪，反馈得出现有的完善安全心理测评预警系统存在以下问题。

（一）登录形式过于复杂

有部分参与测评的人员反映，这种使用网址登录的形式在初始学习时对他们来说有些难以掌握，需要多次登录才能熟练，如果是手机 APP 的形式会更容易上手操作。

（二）测评操作过程烦琐

有部分参与测评的人员反映，系统的界面存在一些操作不便的问题，如登录之后的主页面不是自评他评，需要打开菜单栏才能看到；进行他评时维度名称出现在最上方挤占了屏幕大量空间，一时看不到具体的题目等。

针对以上系统相关问题，我们对安全心理预警测评系统进行了优化完善。其一，在网页版系统的基础上，新开发了手机的适配版，最终采用的是以手机浏览器访问的形式。对于本次参与测评的人员来说，这个操作刚开始学习的时候会比较麻烦，但是多次登录之后便可以达到熟练的程度。针对系统页面操作不便的问题，对系统进行了进一步优化并听取反馈，直至系统最优化；其二，新增题目个性化服务，随着个性化推荐技术的研究和发展，安全心理测评系统可以实现通过学习和分析员工此前的测评数据和即将开始的工作场景特点，实现基于员工当前心理特点和上工场景特点的个性化测评题目推荐，达到精确测评，减少安全事故发生的概率。

# 第五章
CHAPTER FIVE

# 电力一线员工心理深度分析

## 5.1 前期介绍

### 5.1.1 背景提要

一切事物的发展变化都遵循从无到有、由量变到质变的客观规律，各类事故的发生同样是由于生产中的危险因素逐渐生成、扩大和发展而形成的。人们在危险因素的量变过程中，没能引起高度重视，缺乏事先分析、预想和采取有效的防范措施，任其产生质的变化，最终造成了伤害和损失。对各类危险因素进行系统的预先分析、辨识，可以增强人们对危险性的认识，克服麻痹思想，防止冒险行为；能够防止由于技术业务不熟而诱发事故；能够使安全措施更具有针对性和实效性；能够减少乃至杜绝由于指挥不力而造成的事故。所有危险因素都是可以提前认识和超前预防的，只要措施得力，危险因素是完全可以控制和消除的。因此，做好危险因素的分析和预控是实现安全生产的前提和保障。基于电力行业的现实所需，国家电网公司在开展电力行业春秋季安全大检查、健全反事故演习体系与应急管理安全体系的同时，出台了许多针对电力安全生产的法律法规，如《国家电网公司电力安全工作规程》《安全技术劳动保护七项重点措施》等。相关措施对预防和保障电力企业安全生产具有重大意义。

近年来党和政府高度重视精神卫生工作，采取一系列措施，推动精神卫生事业发展。如《国民经济和社会发展第十三个五年规划纲要》明确提出要加强心理健康服务；《“健康中国 2030”规划纲要》要求加强心理健康服务体系建设和规范化管理；22 个部委联合发文出台的《关于加强心理健康服务的指导意见》更是从细节上对心理健康的管理与建设提出了操作指导。

一线员工的心理素质、安全意识与操作行为，直接影响生产作业的安全稳定性。电力一线员工的工作是集点多、面广、线长、高温、高压、高空、强电为一体的高风险发电、供电工作。为有效地杜绝和遏制各类事故，保护劳动者的安全与健康，促进公司整体安全管理水平不断提升，确保全公司安全生产持续、稳定、健康发展，根据电力安全工作规程要求，结合公司多年来的安全工作实践，对电力一线员工进行心理深度分析有重大现实意义。

### 5.1.2 具体目的

（1）对国网湖北省电力有限公司部分电力一线员工进行安全心理评估；

（2）对国网湖北省电力有限公司部分电力一线员工心理现状进行深度分析；

（3）提出相应的建议及措施，以促进电力一线员工的安全心理健康发展。

### 5.1.3 难点与创新

基层电力企业一线员工的业务技术知识、安全意识和工作责任心普遍不高，难以适应电力企业快速发展的要求。一是一线员工文化学历水平不高，一线员工中还有大量的初（高）中学历水平员工，他们由于受文化水平的制约，接受安全培训和安全使用新技术新装备的能力受到一定限制，专业技能水平的高低决定了其对安全生产中危险因素的识别和判断能力。二是部分员工安全意识淡薄，自我保护意识差，长期以来我行我素，对工作的危险点和防范措施不清楚，违章作业、野蛮作业等情况时有发生。三是部分员工责任心缺失，缺乏遵守规范、承担责任和履行义务的自觉态度，工作中消极被动，执行力不强，不认真履行岗位安全职责，不严格执行规章制度，出现问题时总会找各种理由推卸责任，很难配合人员进行访谈与深度分析。

在对部分一线员工心理现状的深度研究过程中，除了使用深度访谈、资料分析之外，还通过随机抽取的在线测评题库，对员工上工前的心理状态、情绪意志等维度进行动态测评，同时通过他评的形式，保障评估效果的多维性、真实性。这相对于以往的测评而言，是动态实时的、是全面完整的。

## 研究过程

### 5.2.1 研究方法

（一）文献综述研究

（1）文献综述法：主要指搜集、鉴别、整理文献，并通过对已有文献的研究形成对事实的科学认识的方法。通过文献的收集和整理发现，研究者提出了许多安全相关的理论，在人—机—环境系统中人是主体并起着主要作用。一方面，人在生产作业中经常受到各种心理因素的影响；另一方面，生产作业中的生产机械、作业方法、工艺流程和生产环境又对操作者的心理状况发生作用，造成人的心理变化，最终影响人的工作效率与安全。经查阅文献，对安全心理理论梳理后发现，从环境的角度，根据“心理阈值有限原理”，人观察周围环境的能力及任何心理因素都有着一定的局限性，即存在一定的阈值，研究这些阈值可以从安全环境和心理极限的角度去降低事故发生的可能性。不良的生理状态会通过神经系统的中间作用对人的心理状态造成直接影响，从而导致施工者不安全行为的发生。通过文献的查阅，在问卷测量的基础上，对安全心理的影响因素有一个初步的认知，为质性访谈研究提纲提供理论基础。

（2）问卷调查法：问卷调查法主要是指为统计和调查多用的、以设问的方式表述问题，我们向部分电力一线员工发放调查问卷，让其根据自己的实际情况填写选项，收集数据。

（二）质性研究方法

在日常使用中，定性研究方法通常指与问卷调查等定量研究方法相对的其他全部方法。质性研究方法具有自然性（注重自然情景与真实世界的复杂性，开放性思维），与定量方法的变量简化和控制形成鲜明对照，具有理解性、情境敏感性、归纳法、反省性、互动性、强调研究的深入和整体性、重视研究关系等特点。

（1）访谈法：主要指通过访谈者与受访者面对面的交谈来了解受访者的心理和行为的研究方法。本项目开展访谈工作，需要深入到电力一线工作人员的工作地点，通过半结构化访谈的方式，了解基层工作人员的人口学信息，他们在工作中的任务职责以及进行安全工作所具备的重要素质等。最终通过访谈记录表进行文字的一次编码和二次编码，本次访谈人员岗位覆盖广泛，主要包括规划、检修、建设、调控、营销、运行、物资及其他。本项目通过对各地市公司不同岗位员工进行实际访谈，了解其主要工作内容与主要工作职责，在工作中、在安全方面做得好的地方以及做得不够好的地方，询问不同岗位员工对所在岗位所需核心素质的建议以及对工作的感受和建议，从而分析出可能存在的问题，在量化研究的基础上，增加了质性研究，从而使得研究结果更加具有说服力。

通过对部分电力一线员工访谈，深入了解他们当前的心理现状和影响安全生产的因素，为安全事故的预防提供理论依据。

（2）统计分析法：通过发放调查问卷，获得相应的实证数据。最后，借助于统计软件等进行数据分析，对各变量及变量之间的关系进行分析，得出相应的研究结论。

### 5.2.2 研究对象

以国网湖北省电力有限公司部分电力一线员工为研究对象。

### 5.2.3 研究工具

APP线上测评系统，本系统用于完成国网湖北省电力有限公司部分电力一线员工的心理测评，测评分为自评和他评两部分，根据测评结果会及时给出状态提示以及相关参考建议。电力一线员工只需一部手机就可以完成测试，快捷方便、省时省力，打破时间和地域的限制，随时随地可以进行，成本低，效率高。

### 5.2.4 研究过程

通过查阅国内外相关文献，根据访谈时了解到的电力一线员工各个岗位的情况，具体情况具体分析，按照不同岗位的情况对九大维度的题库进行了相应扩充，这使得题库对于不同岗位更具有了针对性。

同时，从安全心理边缘素质、安全意识、安全执行力以及工作心态这四个方面编写了他评问卷。通过对员工进行访谈等多种渠道收集有关员工安全心理素质等方面的资料，了解相关领域的研究现状，并根据国网湖北省电力有限公司的实际情况，制定相关研究方案。

通过发放调查问卷，获得相应的实证数据。最后，借助于SPSS23.0统计软件和AMOS17.0软件进行数据分析，对各变量及变量之间的关系进行分析，得出相应的研究结论。

### 5.2.5 材料分析

纵观所有发生的安全事故，无不与当事人有侥幸心理及麻痹大意有关，大多数事故都是因为当事人安全意识淡薄，技能素质不强，业务水平不高，在执行任务时随意性大，不按规章制度办事，加上安全措施不到位造成的。甚至，还有违章指挥，违章操作的习惯性错误，在施工时缺乏监护管理及自我防护能力。有些单位和个人在安全工作上只重视安全月、安全周、安全日的活动，平时，抓安全工作较为松懈，执行任务时麻痹大意。说起来一套，做起来又是一套，对安全工作是“无知也无畏”。安全月一过，安全意识就淡薄起来，制度管理松散，麻痹大意又重新抬头，违章现象又“故态复萌”。结果还会犯下过去的违章错误。正是因为这些在安全管理上“缺斤短两”的现象，所以危及生命的事故有时仍在发生。抓安全工作一定要制度化，规范化，持久化。千万不能“梦”一时，“糊”一阵，走过场，安全没有“休止符”。特别是在电力事业稳步发展的今天，更离不开连续稳定的安全生产局面，安全是电力企业发展的命脉，安全是每个员工的生命线，安全责任重于泰山，安全生产任重道远。只有时时不忘安全，安全才能出效益，安全才是构建和谐电力的保障。要坚持“安全第一、预防为主”的方针。抓安全首先要抓源头，抓落实，要有“常怀忧患之心，常思安全之策，常尽落实之责”的“三常”精神。决不能松一阵，紧一阵，切莫“文过饰非”。要总结经验，吸取教训，把过去发生事故的当事人找来现身说法，让活生生的教材教育人、警示人，使每个员工认识到安全工作的重要性与必要性，务真求实，集思广益，在工作中紧绷安全之弦，常怀安全之心，不断提高预测、预防监护能力，多角度地去考虑习惯性问题的危害性，收集“反思”问题的成效性，这样才能真正让“强制安全”化为“自觉安全”的实际行动，为企业安全工作实实在在筑起一道牢固的“防火墙”。

### （一）类型一：停电、验电、装设接地线违章操作

**【事故简介】**2010 年 6 月 8 日，某 10kV 线路立杆过程中发生一起因误登带电杆塔、未验电及现场监护不到位造成的人身死亡事故，事故造成 1 名外包单位作业人员死亡。

**【事故经过】**2010 年 6 月 8 日，某施工单位持电力线路第一种工作票作业，工作负责人：吕某，工作票签发人：卢某，工作任务为某 10kV 线路 1 号—60 号杆立杆。9 时 12 分，县调邹某与施工单位工作负责人吕某核对工作任务、停电线路名称、工作范围等，并许可了该 10kV 线路的工作。工作负责人吕某安排陈某（死者）装设接地线，9 时 30 分，陈某误登了带电运行状态的另一回 10kV 线路 49 号杆，在未经验电的带电线路上装设接地线，造成触电坠落事故，陈某经抢救无效死亡。

**【事故原因】**

（1）直接原因：施工人员安全意识淡薄，有侥幸心理，高空作业未佩戴安全带，在装设接地线前未对线路进行验电，导致误登带电杆塔发生触电坠落造成人员死亡，是本次事故发生的直接原因。

（2）间接原因：陈某安全意识淡薄，自我保护能力差。在监护不到位的情况下，误登了带电线路，未验电进行接地线装设，是本次事故发生的间接原因。

**【暴露的主要问题】**

（1）对安全工作不够重视，执行任务时“麻痹大意”，安全意识薄弱；

（2）作业人员违章作业，个人防护用品使用管理不满足要求；

（3）施工单位现场安全管理混乱，对施工人员安全培训不到位。

**【总结及反思】**通过以上案例学习，应深刻地体会到安全心理的重要性，不可有侥幸心理，一线员工应增强安全意识。违规操作直接导致触电身亡事故的发生。

（1）供电所同志在开具低压配电网工作票时，未认真履行职责，未认真审查施工单位上报的工作任务，导致工作任务不细化、不明确的情况；未对施工单位经现场勘查后上报的需挂设接地线位置进行认真核实，工作许可人、会签人存在代签名现象。针对上述问题，监理项目部及时对施工现场安全管控的供电所人员提出相关改进建议，并汇报业主项目部，经业主项目部组织整顿，此类情况已得到有效整改。在后续监理过程中，监理人员须严把“开票关”，坚持以认真负责的态度审查停电工作票。

（2）验电人员未戴绝缘手套进行验电或未经验电挂设接地线，此类违章操作存在极大触电风险，监理过程中必须高度重视，发现此类现象应及时制止并对相关人员进行安全教育，绝不容许操作人员有任何的麻痹大意及侥幸思想。

（3）挂设接地线操作错误。监理过程中发现存在接地线挂设操作中先挂上端后挂接地端的低级错误，监理人员现场对操作人员及工作负责人进行了严厉的批评教育，并要求施工单位对所有操作人员进行安全教育培训及交底，相关问题得到有效改进。

(4) 接地线配置不足，施工单位配置至现场使用的接地线不够或电压等级不匹配，导致漏挂或该设置接地线位置未设置，发现此类问题及时对施工单位提出增配接地线要求，后续未再发现此种情况。

### （二） 类型二：高空作业失去安全带保护

**【事故简介】**2005年5月15日，在某电厂二期3号机土建工地煤斗加工场，发生一起高处坠落的人身事故，事故造成1名外包单位作业人员死亡。

**【事故经过】**2005年5月15日下午，在该电厂二期3号机土建工地煤斗加工场，某施工单位作业班负责电梯井框架的拼装工作，参加作业人数共10人。下午16时40分左右，班长钟某安排杨某（死者）、刘某把组合拼装好的第一节电梯井框架吊运到外面堆放，挪出拼装场地准备第二节框架拼装，其他员工照常作业。杨某、刘某接到工作任务后，杨某就将在地面上的两条钢丝绳索具挂在龙门吊钩上，班长钟某将龙门吊开到第一节框架的位置停住，两人佩戴安全帽、安全带，从地面分别登上挂在第一节框架一端的工作爬梯，爬到框架平面（约3.5m高）处挂钢丝绳。16时50分左右，杨某将一条钢丝绳的一端挂好后，在框架中间拿着钢丝绳的另一端向绑扎点行走（该条钢丝绳有扭曲现象），在离绑扎点50厘米时，钢丝绳变形部分卡在钩内，一时拉不动，于是他一边行走一边用力拉钢丝绳。由于杨某一时用力过猛，钢丝绳另一头突然从吊钩滑落地面，这时他手还抓住另一头，身体失去平衡，瞬间身体往前倾，坠落时左脚碰到框架连接杆件后，臀部平下，头部（安全帽下耳朵边上）正好碰到框架金属件，头部当即出血并昏迷，后经医院诊断，杨某为重型颅脑外伤，脑震荡（双侧），经抢救无效死亡。

**【事故原因】**

(1) 直接原因：杨某高处作业安全心理意识不足，不扣挂安全带，在高处作业时失去保护，违反高处作业安全操作规程，同时拉扯物件用力过猛，钢丝绳突然滑落，身体失去平衡失足坠落，是本次事故发生的直接原因。

（2）间接原因：1）施工单位对于现场作业班组的安全技术交底针对性不强，对施工技术方案审核提出的存在问题和作业安全技术交底工作等问题缺乏跟踪管理。2）现场施工人员操作方法错误。3）事故中使用的钢丝绳变形扭曲，存在不安全因素，不符合使用要求。

**【暴露的主要问题】**

（1）施工人员安全心理意识薄弱；

（2）施工组织设计及安全技术方案对作业环境存在的危险、危害因素辨识不足，高处作业的安全防护措施不完善；

（3）现场作业人员习惯性违章严重，未严格执行安全规程；

（4）施工单位对安全工器具的维护、保养、报废等管理存在不足；

（5）现场监督人员的安全监督存在漏洞，未能及时纠正和制止违章作业行为。

**【总结及反思】**电力线路施工，高处作业在所难免，同时高空坠落也是电力线路施工过程中常见的事故，我们必须增强安全心理意识，把安全生产放在首位；必须把高处作业违章监管作为日常安全巡视检查的重点，如发现高处作业人员失去安全带保护的违规现象必须及时制止，安全带必须经检验合格，外观检查无明显破损方可按相关规定使用。

### （三）类型三：误接调度命令并带负荷拉闸的误操作

**【事故经过】**某变电所1、2号主变压器轮流检修。当时2号主变压器运行，在1号主变压器检修结束，复役操作过程中，1号主变压器改为冷备用。调度发布正令“合上1号主变压器35kV母线隔离开关”。操作人员接令后在运行日志中却误记录为“将1号主变压器10kV断路器由冷备用状态改为运行状态”，并走错间隔，走到了1号主变压器10kV母线隔离开关左边的10kV母线分段断路器Ⅰ段母线隔离开关间隔，并用紧急解锁钥匙进行解锁后，拉开了10kV母线分段断路器Ⅰ段母线隔离开关，造成了带负荷拉闸，引起10kV母线分段间隔Ⅰ段母线隔离开关三相弧光短路。

**【事故原因】**

（1）运行人员、监护人和操作人安全意识淡薄；

（2）监护人和操作人对各自职责不清；

（3）严重违反国家电网公司颁布的《防止电气误操作装置管理规定》；

（4）违反省公司“操作中断，重新开始时，应重新核对设备名称并唱票、复诵”规定，走错间隔。

**【总结及反思】**电力一线员工必须要加强安全意识，提高安全应急能力，正确接受调度命令，开展操作前的危险点分析，严格按照“六要七禁八步一流程”执行操作，认真执行《防止电气误操作装置管理规定》，加强运行人员技术培训和安全教育。

### （四）类型四：高空坠落

**【事故经过】**某供电营业所外线班进行台风到来前的设备消缺工作，工作中外线班成员李某向当地村民借来竹梯，登上变压器台架，再将竹梯拉上变压器平台，登上低压南1号杆，系好安全带站在下层路灯线的横担上进行低压电缆头搭接。9时30分左右，突下暴雨，此时李某也已完成搭接工作，解开安全带转身准备从竹梯上下来，由于雨后横担太滑，人失去重心，不慎从5.4m高处坠落，胸部着地，经抢救无效死亡。

**【事故原因】**

（1）一线员工自我保护意识不强，安全意识淡薄；

（2）工作负责人违反规定，直接参与工作，对现场失去监护；

（3）登高工器具使用不规范；

（4）在雨天之后进行高空作业，未及时采取防滑措施；

（5）作业现场环境恶劣，未能及时清理，坠落位置都是石块、石柱。

**【总结及反思】**电力一线工作人员应加强安全意识，提高安全应急能力，合理安排工作，规范施工作业技术交底，认真履行现场监护，正确使用安全工器具；开展作业（操作）现场（过程）危险点分析，通过分析落实措施做好预防和预控，在事故抢修时，要重视特殊时间、特殊环境对安全工作带来的危害性，切实加强管理，坚决遏止各类事故发生。

### （五）类型五：误操作引起设备停电

**【事故经过】**地调给某变电所发正令："110kV 旁路断路器由付母对旁母充电改为代2号主变压器 110kV 断路器付母运行、2 号主变压器 110kV 断路器由付母运行改为断路器检修"。操作人员开始操作，当操作第 19 步"放上 2 号主变压器 110kV 纵差电流互感器短接片，取下连接片"时，监护人在唱票后操作前即将此步骤打勾，在操作人操作完第 19 步，监护人核对后，又误将第 20 步"将 110kV 旁路保护屏上纵差电流互感器切换片由短接切至代 2 号主变压器"打勾，于是直接跳步骤操作第 21 步"检查 2 号主变压器差动保护差流显示正常"。在检查时，操作人员发现差流为 1.89A，立即提出疑问："差流为什么这么大？是否正常?"但没有引起监护人的注意，两人也没核对保护屏上差流检查提示（要求差流在 0.33A 以下）和保护信号指示灯。当操作第 22 步"放上 2 号主变压器差动保护投入连接片 2XB"时，2 号主变压器差动保护动作，跳开 2 号主变压器 220kV 断路器、35kV 断路器、110kV 旁路断路器，造成 35kV 付母线停电。

**【事故原因】**

（1）当值操作人员安全意识不强，安全心理有待提高，执行"六要七禁八步一流程"流于形式；

（2）当值操作人员技术素质较低，对主变压器纵差保护的原理、二次电流回路以及差流的概念模糊不清；

（3）安全活动、安全学习敷衍了事，没有吸取以往事故教训；

（4）对变电运行人员的技能培训尚未取得预期效果。

**【总结及反思】**电力一线员工必须加强安全意识，对安全生产任何时候都不能掉以轻心和麻痹松懈，在现有条件下，发生大面积停电和重大人身伤亡事故的风险始终存在，超前防范、确保安全，始终是我们工作的首要任务，应认真开展熟悉现场设备和危险点分析及预控活动，严格执行

“两票三制”和“六要七禁八步一流程”操作管理规定及现场安全工作规程；加强对职工的工作责任心和安全意识教育，加大对职工现场岗位技能的培训力度，进一步提高职工的岗位技能水平。

## 5.3

## 研究成果综述

### 5.3.1 电力一线员工基本情况概述

改革开放以来我国经济高速发展，全社会用电量大幅攀升，给电力企业的发展带来了良好机遇，电力企业设备的装备数量和质量大幅提高，电网建设与改造投资力度空前高涨。随着电力企业输变电装备水平的提高，需要大量的具有相应业务知识和技术技能水平的一线员工对设备进行运行维护管理，由于其岗位的特殊性，电力企业一线员工大多直接从事电力设备的安装、调试、检修和运行维护管理工作，而这些工作多数为高空、高压环境，具有相当的危险性。而个别基层电力企业一线员工的业务技术知识、安全意识和工作责任心不高，难以适应电力企业快速发展的要求，安全生产对于企业员工来说就是幸福，对于企业来说就是效益，而对社会来说就是稳定。企业员工只有牢固树立安全意识和责任心，才会主动地去思考安全，才会自觉地去遵守规程，有了安全意识和责任心，才能真正实现从“要我安全”到“我要安全”。

由于电网企业的特殊性，员工时常背负着安全生产压力大，工作环境单一、恶劣，人际接触面窄等。电网企业员工的心理问题主要表现在以下六个方面。

一是生理耗竭，具体表现为身体的不适，职业病缠身；

二是心智枯竭，表现为空虚感明显、心力不足，自我评价下降；

三是情绪衰竭，表现为激情的丧失、情感资源的干涸，烦躁易怒，悲观沮丧，深感无助，或有极度的自尊和敏感，焦虑症、抑郁症和孤独症等；

四是价值枯竭，主要表现特征为工作的无意义、无价值感，工作效率低下，时常感觉到无法胜任，不再付出努力，离职倾向加剧甚至转行；

五是去人性化，主要表现特征为冷漠麻木、自闭、无同情心，从而导致人际关系恶化；

六是行为症状，主要表现特征为对他人的攻击性行为加剧，人际摩擦增多，极端情况下会出现打骂行为；自残行为，极端的枯竭状态会使人出现自伤或自杀的行为等。

### 5.3.2 电力一线员工生理现状

通过对测评结果的整理，我们将电力一线员工的生理现状分为三个维度，分别为身体素质、生物节律和工作负荷。

在身体素质维度，涉及了电力一线员工的睡眠质量、食欲、身体健康状况、工作精神状态以及个人嗜好等基本情况。大部分员工反映身体健康状况良好，没有重大疾病，足以完成工作任务。绝大部分电力一线员工近期的睡眠质量、食欲和工作精神状态在一般等级以上；少数员工表示偶有疲惫、劳累的情况。

在生物节律方面，我们将关注重点放在了员工的睡眠规律与饮食规律上，并探究了员工工作对他们生活作息的影响。大部分员工反映自己在睡眠、饮食方面比较规律，无特殊情况都很正常。

在工作负荷方面，与传统的作业方式相比，在互联网普及后，员工普遍反映加班时间有所减少，尤其是营销岗的员工能够充分利用网络系统方便作业。在工作之余，电力一线员工也有不同的休闲娱乐方式来进行自我放松。

### 5.3.3 电力一线员工心理现状

由于电网工作中存在着威胁人身安全和设备安全的各种隐患，因此，对于生产一线员工素质的要求不仅要具有生产岗位劳动技能，更主要的是要具有良好的安全心理，一切行动依据法规、章程办事的方式。威胁安全作业的很大一部分原因是员工在作业中存在一系列的缺陷心理，通过访谈，我们总结了以下几点员工在生产过程中，发生事故前容易产生的安全心理问题。

（一）麻痹心理

对于一些员工来说，由于常规工作是经常干的工作，习以为常，并不感到有什么危险。满不在乎，责任心不强，凭印象和以往经验检查工作设备。在麻痹思想支配下，马马虎虎，无精打采。在出现了与预料的情况相反的情况时，由于太突然，便惊慌失措，手忙脚乱，处理不当而造成事故。我们将这种心理状态总结为麻痹心理。

（二）冒险心理

另一种缺陷心理状态是冒险心理，即明知有一定的危险或明知违章违制，但为了抢任务、争工时，受侥幸心理支配，采取莽撞、草率的冒险作业方法，认为风险不一定真发生危险。这种安全事故的具体行为表现有：短时间登高带电作业时不系安全带，对违反规章制度进行打赌冒险，未确认停电就进入场地作业等。

（三）侥幸心理

通过访谈，我们发现事故的发生往往是在许多误操作和事故隐患的基础上发生的。有时操作人员对自己的技术和经验很自信，心存侥幸，进行冒险作业和违章操作。有时明知危险，却图省事、怕麻烦。一次两次违章操作也许没有发生什么事故，错误地认为发生事故的概率很低，没有高度重视。长期如此，事故发生无法预测，一旦发生后果严重，我们将此种心理状态总结为侥幸心理。

（四）紧张心理

人的精神注意程度与安全生产密切相关。在危险的现场，如果人的注意力不集中或者过分集中，都容易出现危险。操作人员注意力不集中，顾此失彼、判断错误、处置不当而导致发生事故。但当操作人员注意力高度集中时也容易引起适得其反的效果，因为人的精神在某个方面高度集中或紧张，就会忽视周边或相关的事情，引起不该发生的事故。

（五） 倦怠心理

倦怠心理主要来源于两种：一是工作任务过于繁重和复杂，超出了电力企业员工的实际工作能力，承担的责任重大或工作经常加班加点，使员工长期处在一种紧张状态下而导致神经疲惫，这些消极因素又是员工凭借其自身能力难以控制或改变的，从而使许多员工在心理上感到疲惫。由于身心的疲劳人的惰性增强，警惕性下降。二是长期从事简单重复的操作性工作，尤其表现在抄表收费的员工身上，工作性质使得他们的警惕性没有直接进行高危作业的员工高。

### 5.3.4 电力一线员工工作环境现状

（一） 物质环境

物质环境主要包括大环境和小环境。大环境主要指工作时的天气、地形等自然环境，在测试与访谈中，我们主要关注了这些环境因素对员工的心情和工作的影响。访谈结果显示，大部分员工表示恶劣的自然环境会影响自己的情绪和工作状态。小环境包括施工设备和办公环境等。根据访谈与测试，电力一线员工在办公环境方面，满意的声音居多。

（二） 人文环境

环境适应力（环境个人匹配度）指的是员工对自身工作环境的满意度和适应性。在访谈中，员工对于工作氛围的态度几乎都是肯定的，同事之间凝聚力很高、很团结，平时互相帮助，工作能够商量和协作，同事之间“像战友一样，都很团结”“相互帮忙”“有问题团队处理及时”，同时，员工和领导的关系也非常融洽。

员工对工作的适应程度整体较高。在同一个岗位工作时间越长，员工的适应性越强，“基本上都适应了，不适应也适应了”；而有些刚刚经历了转岗的员工则会表示“还在适应之中”“有时候感觉蛮无聊”；部分即将退休的员工也会因未能尝试其他工作而流露出遗憾之情。

社会支持主要指客观方面的支持，包括员工在遇到困难时能够得到同事、家人和朋友的帮助和慰藉，以及工作单位给予的物质帮助等。访谈结果显示，员工的社会支持系统运作良好。在工作方面，能够和同事互相帮助、彼此配合。遇到烦心事会通过和同事倾诉、娱乐消遣来排解烦恼。

## 5.4

## 一线员工心理研究讨论

### 5.4.1 生理现状对一线员工安全生产影响

电力企业员工的生理情况与安全生产密切相关，电力企业经常面临高风险作业，对员工的身体素质有一定要求。

人是生产力中最活跃的因素，根据事故致因理论以及电力生产事故的调查发现，事故的发生除了环境恶劣、规章制度不健全、人员违章、设备存在缺陷等因素外，还存在人员生理、心理因素的影响。因此，从员工的生理、心理、行为以及电力员工对环境（包括人文环境与物理环境）的适应性方面对电力系统的安全生产进行分析研究，并制定出有效对策，对预防电力行业的事故发生，保障电力安全生产具有重要的意义。

电力企业一线员工的生理情况与安全生产密切相关，电力企业经常面临高风险作业，对员工的身体素质有一定要求。我们从访谈中了解到，大部分电力一线员工的身体健康状况良好，能够顺利完成工作任务；偶有身体不适无法应对工作的情况，也能及时进行班组内外沟通和调整。

相关研究表明，人体疲劳时，生理机能下降，反应迟钝，工作笨拙，工作效率降低，出现差错较多，极易发生事故。❶ 人体疲劳有客观因素，

❶ 何安明，徐大真．人的生理、心理因素对安全生产事故的影响分析［J］．职业时空（研究版），2006（8）．

但也有自身规律。从时间上看，一般在凌晨2至6点，中午12至14点是最容易出现疲劳的时间段。结合访谈情况，电力企业的工作时间安排较为规律，每天的工作时间都在上午8点以后，中午12至14点为午休时间，这样的安排有利于员工的休息和调节。人的生理节律可分为体力节律、情绪节律和智力节律，且这些节律均具有高潮期、低潮期和临界期，各期的持续时间及其性态存在差异性。高潮期的特征表现为人的精力旺盛，脑子反应灵敏；低潮期的特征表现为人容易疲劳，情绪不稳定，判断能力差；而临界期的特征则表现为人的体力生理变化激烈，身体各器官协调功能下降。人处在不同的生理节律期，其造成的责任事故频率是不一样的，其中临界期的事故发生频率最高，这一时期也被称为“危险期。”

员工的身体情况、生理机能也会随着周围环境的变化有所改变。部分员工反映了恶劣天气和不良作业环境对身体机能的影响。比如炎热的夏季，高温和闷热的作业服会让人汗流浃背，注意力下降。长时间的电磁环境可使人出现烦躁、头晕、疲劳、失眠、植物性神经功能紊乱，倒班或者长时间的高负荷工作则会进一步造成作业人员的生理机能和工作效率恶化。大部分安全人员能够接受目前的工作强度，但高峰期的加班轮值以及随时可能发生的抢险任务还是让人有不小的负担。

### 5.4.2 心理现状对一线员工安全生产影响

电力行业的输配电作业具有高压、高危的特点，电力工业一旦出现事故不仅会造成本企业的重大经济损失，而且会产生巨大的社会影响，还可能产生一系列的衍生事故。事故产生的原因虽然是复杂的，但从业人员的安全心理素质与履行工作职责之间的矛盾，是引发我国安全事故的主要原因。员工的气质性格、能力、经验、心理情况等主观性因素都影响着电力企业生产中人因失误发生情况。

张向荣认为[1]，无论是有意识的或无意的不安全行为，都与人的心理

[1] 李金勇，张向荣，黄安．对当前我国煤矿事故成因的心理学分析［J］．技术与创新管理，2009.

个性有密切的关系，不良的个性倾向性（如不认真、不严肃、不恰当的需要和价值观）和某些不良的性格（如任性、懒惰、粗鲁、狂妄）往往会引起有意的不安全行为。生产中具有所谓“失误倾向”的人格特征，包括处理问题轻率，冒失，不沉着，缺少理智，自我控制能力差，感情易冲动，容易兴奋，易恼怒，易焦躁，容易头脑发热，反应迟钝，思维不敏捷，自负，缺少责任感，自我要求不严等等。人的气质是与其行为模式相联系的，它影响一个人的行为强度、反应速度、活动的持久性和稳定性等。因此，电力企业员工的气质也和其安全行为息息相关。人的个性心理具有整体性、独特性、稳定性和倾向性四个特征。安全生产需要基于这四个特征展开。首先，在企业中，以一个班组为最小的组织，班组成员之间的个性千差万别，那么在保证安全生产的前提下，班组就必须有一种团队意识，结合各个成员的特点，优势互补，相互协作，这一点在调研过程中，也得到了受访者们的一致肯定。其次，每一个具体的安全行为由于在先天遗传方面所获得的反映品质、天资和气质等生理特征的不同，受教育程度和各岗位的个性都不同，因而在处理事故及其他安全行为方面也表现出特殊性，在安全生产过程中，必须结合每个人的特点，因人分工，有重点地对个体的独特性予以关注。每个人身上都会有很多的心理特征，其中一时、偶然出现的不能反映精神面貌，经常、稳定出现的才能反映人的精神面貌，才能成为人的个性心理特征。比如一个人天生做事谨慎，偶尔也会出现麻痹大意，那么谨慎就是他的个性，麻痹并不能成为其个性心理特征。但是稳定性不是固定不变的，我们会遇到一些情况，比如一位经验丰富、从未出过事的老员工出了事故，其实是由于偶然出现的冒险举动造成的，所以稳定性是一个相对的概念。因此在安全生产过程中，我们必须时刻注意这种偶然因素。最后，一个人在生活实践中，形成的需要、兴趣、信念和世界观，反映出个性心理特征的倾向性，这种倾向对心理活动产生影响，贯穿于人的活动过程中。譬如电力员工验电的顺序，是先在有电设备上试验再在检修设备进出线两侧分别验电，还是直接对后者验电，一个简单的程序，结果将大不一样。电力工作不容马虎，所以，工作顺序不能按照个人喜好进行，必须严格按照流程进行，这就提醒我们，工作单位必须制定一套严格的标准，规范员工的安全行为，让他们的倾向性朝着正常的轨道发展，从而避免事故发生。

除了人格特征方面与安全生产需要密切关联之外，素质能力与安全生产要求也密不可分。人在能力上的差异不但影响着工作效率，而且也是能否搞好安全生产、避免人因失误的重要制约因素。知识熟练程度、快速反应判断、沉着应对及长时间集中注意力都是人员素质能力在电力企业生产操作中的具体表现。

员工具备较强的沉着应对及快速反应能力必然在电力生产操作中发生的人因失误也较少。当员工对异常情况或模糊信息均能够快速准确地做出判断时，出现失误的可能性最小，并且在对异常情况或模糊信息能够快速准确处理时，出现失误的次数是比较少的[1]。通过对电力一线员工的访谈内容进行编码，我们发现，安全员工所需要的工作能力具有一定的共通性。在具备一定专业知识和技能基础上，在情绪方面要求安全人员具备良好的情绪管理和情绪调节能力。情绪过度低沉和过度高亢都会对安全作业造成一定的不良影响，这就需要电力一线员工在上工前管理好自己的情绪，对可能存在的危险及时感知和防范；在人际交往方面，由于一般是以班组为单位外出作业，两个人一组，一个作业一人监督提醒，这就需要安全人员具备良好的人际交往能力，与同事和谐相处，共同作业，避免因人际冲突而造成安全事故；在面对紧急事故时，因为电力行业的操作特性不均衡、高压力、高风险，以及出了事故之后高损失，操作危险的复杂性和不确定性，所以电力行业的安全取决于操作人员自身对工作任务、周围环境中存在的风险和隐患的认知以及在执行任务操作时对工作的专注和对安全事项的全面思考。

研究发现，电力企业员工由于工作环境单一、恶劣，人际接触面窄，还时常背负着安全生产压力，因此容易出现情绪衰竭，具体表现为激情的

[1] 武淑平.电力企业生产中人因失误影响因素及管理对策研究.2009.

丧失、情感资源的干涸，烦躁易怒，悲观沮丧，深感无助，或有极度的自尊和敏感，焦虑症、抑郁症和孤独症等；电力企业员工存在消极情绪的问题，且这种消极情绪不是个体的情绪体现，而带有群体性的表现。工作难易程度越难，工作负荷越大，操作时间越长，员工体现出来的消极情绪越多，且这些消极情绪是带有明显的工作倾向性的，即消极情绪大部分是由于工作引发的。在上文中我们对因为工作的原因引起的不良情绪进行了总结，总体而言，工作量大、工资水平低是最影响一线安全人员情绪的两大因素。

情绪本身没有好坏，但是当员工在安全生产工作时，情绪被赋予了功利价值，因此才有负面情绪与正面情绪。通常的负面情绪有委屈、生气、沮丧、抑郁、紧张、担心、慌乱、懊恼、愧疚等。当一些负面情绪出现时，容易成为不安全的隐患，比如急躁情绪，常常使人求快不求好，工作不仔细，或者烦躁情绪，引起人的注意力不集中等。此外，情绪的强烈程度也起着调节作用，当人体情绪激动水平处于过高或者过低的状态时，都容易导致操作行动的不准确。

### 5.4.3　环境现状对一线员工安全生产影响

#### （一）环境的重要性

环境的变化是事故的基本原因。由于不能适应环境变化而且发生失误，进而导致不安全行为或不安全状态产生。事故致因理论认为，人的不安全行为和物的不安全状态在同一时空相遇时，才可能发生事故。任何单方面单独存在，或者它们不在同一时间、同一空间相遇，一般是不会发生事故的。环境的不安全条件虽然不是发生事故的必要条件，但它往往促成事故的发生。

安全生产活动是在一定的时间和空间中进行的，空间和时间构成的环境对安全生产有着直接或间接的联系和影响，任何一个事故的发生都与环境或多或少有关。环境可分为社会环境、自然环境和生产环境。企业正常运行不可避免的都需要环境支持，如果环境适应工作要求，工作中稳定性就高，如果环境不适宜，就容易引发安全问题。所以，及时发现工作环境中的不良因素并相应地予以改善，是非常必要的。环境变化会刺激人的心理，影响情绪，甚至扰乱正常行为。环境造成的事故能由“环境差——心理不良刺激——扰乱人正常行为——安全生产事故”的模式所发展并最终造成。

### （二）现场环境与组织环境对一线员工安全生产影响

#### 1. 现场环境因素

（1）过强的噪声、过量的振动、过强或过弱的光线是影响安全生产的三大慢性毒药。

（2）噪声是不和谐的声音，是各种不同频度和强度声音无规律的组合。噪声不仅引起烦恼、降低工效、分散注意力和妨碍睡眠等等，而且过强的噪声还会引起听觉病变，造成暂时性或永久性损伤，甚至还会影响人的视野。例如，当噪声在85分贝时，视力清晰度恢复到稳定状态至少要一个小时，70分贝时只需20分钟。在噪声环境下工作，人们之间的谈话、传递口令都会受到严重干扰，甚至会影响人的思维，从而增加了事故隐患。

振动可分为全身振动和局部振动。振动对人体并非都是有害的，但过量的振动对人体的生理和心理会产生程度不同的影响。一般认为，弱的振动主要引起人体组织和器官的位移、变形、挤压，从而影响其功能；强的振动引起人体组织和器官的机械性损伤，如撞伤、压伤、撕伤等。

在生产环境中照明光线过强，容易使工作者出现头晕、两眼酸胀、眼皮沉重、视物模糊，严重者视力下降。而过弱的光线，使人产生视觉的疲劳，导致头脑反应迟钝。

（3）污浊的空气、杂乱的作业环境是影响安全生产的潜在杀手。在作业现场，通常存在危害职工身心健康的物质。如生产性粉尘，它可随呼吸进入呼吸道，进入呼吸道内的粉尘并不全部进入肺泡，可以沉积在从鼻腔到肺泡的呼吸道内，造成呼吸道疾病。除了呼吸道疾病外，粉尘还可能引起眼睛及皮肤的病变。如在阳光下接触煤焦油、沥青粉尘时可引起眼睑水肿和结膜炎。粉尘落在皮肤上可堵塞皮脂腺而引起皮肤干燥，继发感染时可形成毛囊炎、脓皮病等。在环境杂乱的作业环境中，会直接通过视觉神经刺激神经中枢，使人的思维受到干扰，从而发生意外。

（4）温度影响是影响安全生产的重要因素。作业区的温度环境包括空气的温度、湿度、气流速度、热辐射等。在作业中，不适的气候直接会影响人的工作情绪、疲劳程度和健康，从而使工作效率降低，造成工作失误和事故。例如当室外工作地点的温度在 42 摄氏度以上时，即可出现热疲劳、意识丧失。

2. 组织环境因素

就电网企业而言，在这样一个复杂技术系统里，组织因素的作用较大，不容忽视。造成电网企业事故的原因主要是人的因素，换言之，其直接原因主要是电网企业运行人员的人因失误，运行人员的人因失误不仅与自身的本质安全度有关，还与组织因素有关，其行为受到组织决策、规章制度、组织文化和氛围、沟通交流等因素的影响。

（1）组织决策：是组织为了一定目标对未来一定时期的活动所做的选择和调整。组织决策是否合理，直接影响着生产的效果。企业的组织决策一般依据两个方面：一是组织成员的价值判断，如决策是否合乎组织目标、效率标准、公正标准和个人价值的判断；二是以事实为基准，决策的目标和行动，根据成员的技术和知识水平，不能脱离于现实情况。在企业中，组织决策如果没有依据这两点，就会造成组织决策失误的后果，如错误地估计当前的企业安全生产形势，决策内容与实际情况不符，作业人员的行动能力在决策目标之外等。具体表现为企业决策层在事关企业安全生产的重大决策、规划时产生的错误，如企业领导人指挥错误或没有做出决策，企业的中层管理人员在涉及群体作业时没有做出正确的群体决策等。电网企业生产的特殊性决定了安全生产的重要性，正确的安全决策在生产中就显得尤为重要，安全决策是整个企业的目标导向，影响着几乎全部操作人员的行为，一旦决策失误，大部分操作人员将会出现错误的行为响应，有可能会威胁到全局的安全生产。决策失误的原因一般与决策人员的知识、能力、人格特质有关，如决策管理知识欠缺、能力不足、为人保守、缺乏创新能力等。

（2）规章制度：一般是指员工遵守的规章制度，专业人员使用的各种说明书、规程及指导性文字，具体包括操作岗位的安全教育与培训制度，岗位操作说明书，危险情况应急处理制度，安全生产奖惩制度，工作岗位交接班制度等。规章制度需具备完备性、合理性、可接受性和可调整性。完备性是指规章制度的作用对象是企业的所有人员，作用范围需覆盖企业的各个部门；合理性是指规章制度需依据企业的生产实际情况和员工的工作要求，做到以人为本，不可凭空想象，生搬硬套；可接受性是指规章制度应在员工的接受范围内，使员工做到自愿地遵守规章制度；可调整性是指规章制度不能固守一种模式，要与时俱进，结合企业的实际情况和时代的要求，适时地进行内容和形式的调整。对于电网企业而言，规章制度如果不合理，不全面，员工将会“阳奉阴违”或“无规可依”，造成违章或疏忽等不安全行为，最终可能导致生产事故的发生。

（3）组织文化和氛围：对于现代化的电网企业生产系统而言，在探索事故发生的原因过程中，不仅要分析安全知识和技能等表象因素，还要注重“人因”背后的深层次因素，包括意识、观念、态度、道德等更为深层的人文因素，这些人文因素就是安全文化，在企业中，体现为组织文化和组织氛围。组织文化，其本质是指组织成员在组织工作中形成的思想意识，主要指标包括：个人对安全的意识和态度、安全文化、领导层对安全的态度、团队的和谐度。

# 第六章

CHAPTER SIX

# 胜任力模型探究

## 6.1

## 胜任力模型概述

胜任力这一概念最早由麦克里兰（McClelland）❶ 提出，表示个体所具有的与工作绩效直接相关的知识、技能、特质等，能较好地预测员工的实际工作绩效❷。后来的学者们也对胜任力进行了更多更深入的研究，并在麦克里兰定义的基础上给出了自己对此概念的理解，现介绍几种比较具有代表性的、认可度较高的定义。R. 博亚特兹（Richard Boyatzis）❸ 认为胜任力是与工作绩效密切相关的个体的潜在特征，可以是动机、自我形象或社会角色，也可以是个体所掌握的知识体系、技能水平等❹。莱尔·斯宾塞（Lyle Spencer）❺ 在前人研究的基础上对胜任力做出了较为全面的论述，认为胜任力就是指能将某一特定工作岗位上有卓越成就者和表现一般者区分开来的个人深层次特征，既可以是心理特质、自我形象、态度价值观等较稳定的内在因素，也可以是行为习惯、知识储备等外显的易于后天习得和培养的因素，在斯宾塞看来，任何能够区分一般员工与优秀员工的能被可靠评估的个体特征都是胜任力。

---

❶ 戴维·麦克里兰（David C. McClelland 1917—1998 年），美国社会心理学家，1987 年获得美国心理学会杰出科学贡献奖.

❷ David C. McClelland, "Testing for Competence Rather than for Intelligence", American Psychologist, January 1973.

❸ R. 博亚特兹（Richard Boyatzis），美国心理学家，对麦克里兰的素质理论进行了深入和广泛的研究，最著名的理论贡献在于提出了素质洋葱模型.

❹ 乔文静. 胜任力视角下 HH 公司招聘体系设计研究［D］. 中国海洋大学，2014.

❺ 莱尔·斯宾塞（Lyle Spencer），美国著名心理学家，是人才筛选与培养领域的国际权威专家.

### 6.1.1 广义胜任力模型

（一） 概念定义

通俗来说胜任力模型就是与某特定岗位的优秀表现相关的素质特征集合，是能驱动个体在某一特定情境下完成某项工作，或在完成任务前就被要求应该具备的个体特征大集合。很多学者都对胜任力模型进行过深入的研究，其中影响最大的两个模型分别是麦克里兰的素质冰山模型和 R. 博亚特兹的洋葱模型。

（二） 理论依据

**1. 素质冰山模型**

素质冰山模型就是将胜任力素质描述为海面上漂浮的冰山，如图 6－1 所示，水上的部分是容易被观察到的知识和技能等浅层素质，是较容易改变的胜任特征；而能力、动机、行为倾向和个性特征等部分是潜藏在水面下的深层部分，是不易改变的胜任特征。水面下的部分是个人驱动力的主要部分，也是人格的中心能力，可以预测个人当前和未来的工作绩效。个体是否成功不仅受到易于观察与测量的表层特征的影响；还受到水面之下深层特征的影响，如社会角色、自我形象等，这一部分虽然难以觉察，却是决定人们能否获得成功的关键因素，需要用胜任力模型来对其进行衡量与评估。

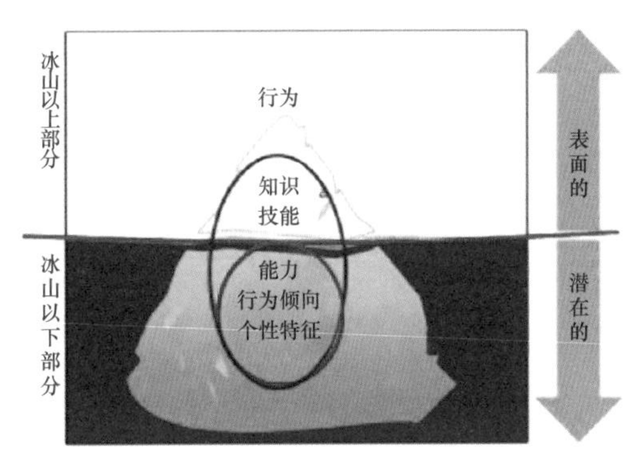


图 6－1 冰山模型图[1]

[1] 杜凤鹃. 电网企业信息技术人才胜任力模型构建研究［J］. 企业改革与管理，2019（16）：52－53.

### 2. 洋葱模型

洋葱模型是 R. 博亚特兹在麦克里兰的素质冰山模型的基础上开发出来的，此模型以“洋葱”这一比喻，生动形象地展示了胜任力各要素之间由里至外、由深到表的层次关系，对胜任力的核心要素进行了详细地论述，并说明了各构成要素可被观察和衡量的特点。该模型将胜任素质视为由内到外、层层包裹的结构，如图 6－2 所示，其中知识技能是“洋葱”的最表层，可以后天培养，便于评价，通过培训学习、工作轮换等多种人力资源管理方式方法，员工的知识与技能水平得以提高是相对容易的；然后向内依次为社会角色、自我形象等，需要长时间积累才能塑造形成，是“洋葱”的内皮层；再到更内层的动机、个性特质等，更多地与天生的特征有关，这是“洋葱”的最内核心层，非常稳定，极难改变。洋葱模型越向外层，越易于培养和评价；越向内层，越难以评价和习得❶。

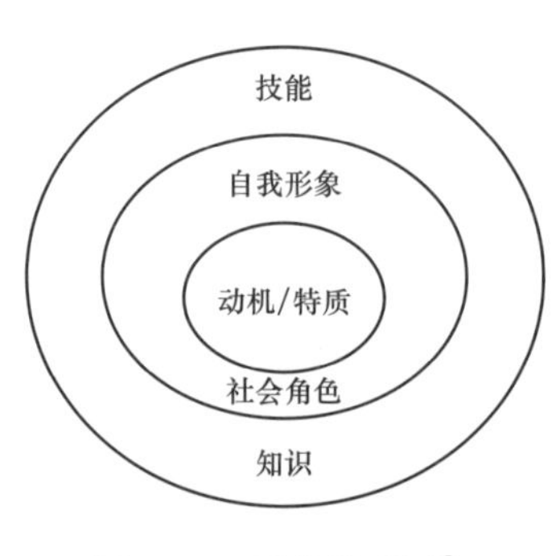


图 6－2　洋葱模型图❷

## （三） 应用价值

胜任力模型最常用于岗位招聘及人才选拔。胜任力模型以录用考核标准的形式融入用人单位的甄选体系之中，将适合该岗位的应聘者与不适合该岗位的应聘者区别开来。胜任力模型在招聘中的应用使得甄选的依据和标准更具适用性和针对性，使得发布的招聘信息更为精准，尽早将不符合

❶ 曲聪，陈祖恩，张云钢．电网企业员工持证上岗管理体系［J］．中国电力企业管理，2010（19）：68－70.

❷ 图片来源于 360 百科.

条件的应聘者拒之门外，从而减少了招聘成本。胜任力模型以业绩考核标准的形式融入用人单位的业绩管理体系当中，不仅可以提升员工的工作自信与工作能力，还可以促进新员工有针对性地培养自己的工作能力，从而快速自我成长，同时也为人才的绩效考核以及晋升选拔提供可靠的参考标准。

### 6.1.2 定制胜任力模型

不同的工作岗位对员工的胜任力要求，在内容上和水平上都是存在差异的，即使是相同的岗位，不同的组织和不同的行业对员工的胜任力要求也存在差异[1]。针对某一特定行业、特定企业或某一特定岗位而开发出来的胜任力模型即为定制胜任力模型。

（一） 模型简介

本书中定制胜任力模型是在 R. 博亚特兹洋葱模型的基础上，结合安全生产相关维度，在对大量湖北省电力员工进行实地调研的基础上建立起来的、为湖北省电力员工的安全生产定制的安全心理素质模型。该模型从安全维度和风险维度两大方面对安全胜任力进行建模，不仅纳入了员工个体层面上与安全生产相关的因素，包括心理层面和生理层面；还纳入了安全生产的环境因素，包括工作的人文环境和物理环境。定制胜任力的洋葱模型不仅能够帮助电力行业进行风险事故的排查，降低事故的发生率，而且也为工作培训提供了具体的方向，为人才的选拔晋升和优秀班组的评选提供科学的参考依据。

（二） 设计理念

对于电力行业来说，电网安全问题尤为重要。诸多与安全相关的理论，如“事故倾向性理论”，认为多数事故往往发生在较少数工种的较关键人员身上，这主要与从事该项工作的人生理想、心理素质有关，因此有些人胜任某项工作，而另一些人不能胜任。基于此种考虑，我们决定从构建电网工作人员的安全心理素质模型入手，以人因事故理论、安全行为科

---

[1] 舒静. 基于胜任力模型的 A 公司招聘有效性研究［D］. 北京：北京化工大学，2015.

学和心理学为理论基础，以电网各岗位员工的生产工作实际为实践基础，综合电网各岗位员工胜任特征模型，搭建一个较为优化的框架。框架的形成需要先确定一些"核心的""关键的"要素，再找出一些适用于特定情况的额外要素，所以我们的基础模型将安全心理素质分为两大类，分别是安全心理核心素质和安全心理边缘素质。

### 1. 人因事故理论

诸多研究以及对电力行业事故的统计数据均表明，人的因素，尤其是员工的误操作、违规违章操作等人因失误行为是电力生产中故障与问题发生的主要原因。因此，生产过程中的许多风险是可以通过对人进行干预来规避的，这也是我们开发电网员工安全生产素质模型的初衷和意义所在。

### 2. 安全行为科学理论

张书莉、吴超从理论依据到实践应用再到归纳层面对安全行为管理进行了模型的建构，最终将归纳层划分为五个部分，分别是安全文化、组织活动、人员行为、效果评估与反馈机制，故又称为安全行为管理"五位一体"模型❶，如图 6－3 所示。

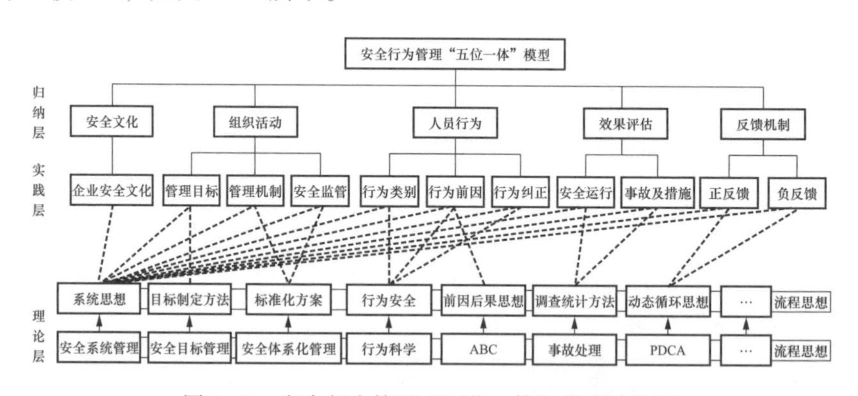


图 6－3　安全行为管理"五位一体"模型结构层

### 3. 心理学理论

有学者通过对以往安全心理测评研究成果进行总结，参考组织行为学和心理测量学等科学方法，将员工安全心理测评体系按内因和外因，划分

---

❶ 张书莉，吴超．安全行为管理"五位一体"模型构建及应用［J］．中国安全科学学报，2018，28（01）：143－148.

为社会心理和个性心理两类。

（1）社会心理因素。社会心理因素强调社会环境的作用，指在周围社会情境以及他人或人群影响下，反映个体的主观感觉与变化的心理因素，包括三项指标，分别是精神状态测试、自信安全感测试和意志力测试。

（2）个性心理因素。个性心理因素指个体所表现出来的稳定的心理特征和认知行为倾向、对客观事物相对稳定的态度，包括五项指标，分别是乐观程度测试、性格类型测试、心理承受力测试、气质类型测试和性格趋向测试。

**4. 电网各岗位员工胜任力研究**

电网系统十分复杂，因而对不同岗位的基层员工也提出了不同的要求，根据基层员工的不同岗位，以往的研究者朱丽杰进行了胜任特征模型的归纳，如图6－4至图6－8所示为我们后期所归纳的心理素质模型更好地适用于实际情况奠定了基础❶。

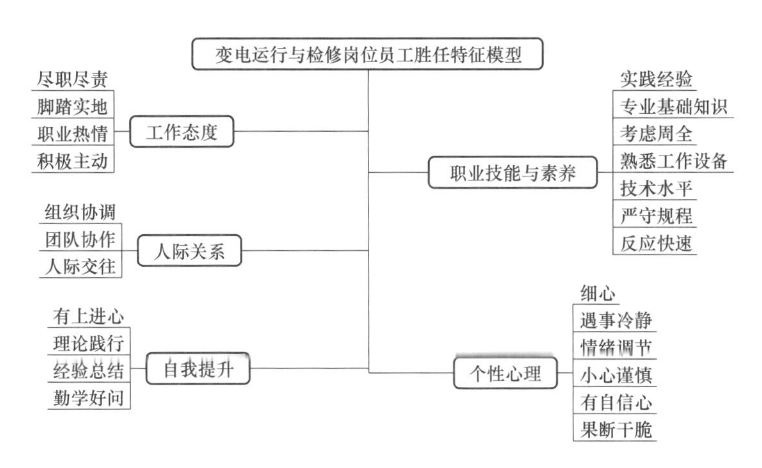


图6－4　变电运行与检修岗位员工胜任特征模型

## （三）维度详情

参照R. 博亚特兹的洋葱模型，我们建立了电网员工安全心理素质模型图，如图6－9所示，外层为安全心理边缘素质，包括生理因素、工作人文环境因素和工作物质环境因素，属于对安全工作具有影响的次要因子。

❶ 朱丽杰．电力系统关键岗位员工胜任特征模型研究［D］．杭州：浙江理工大学，2012.

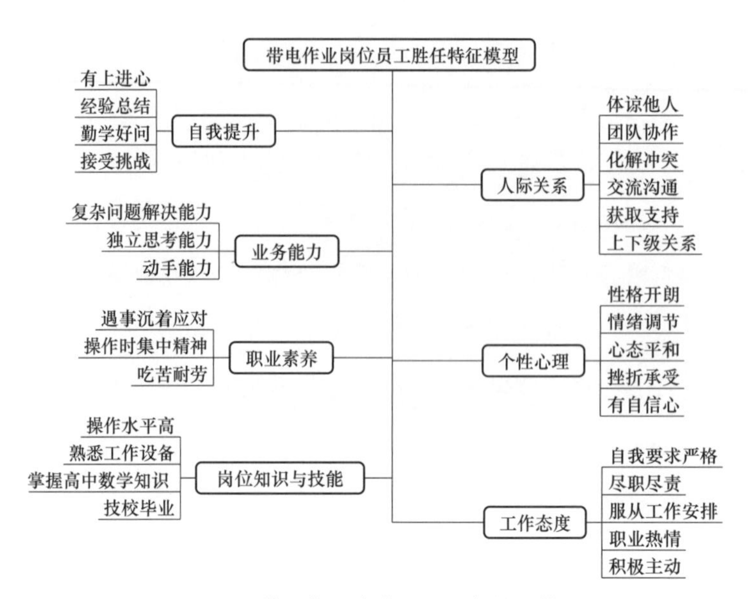


图6－5　带电作业岗位员工胜任特征模型

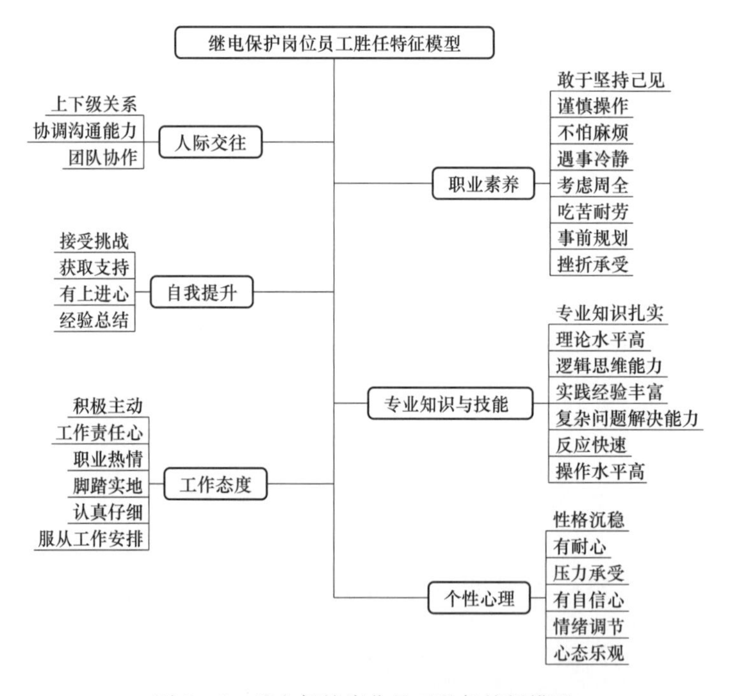


图6－6　继电保护岗位员工胜任特征模型

内层是安全心理核心素质，属于员工安全工作所必不可少的心理素质，它又可从安全导向和风险导向进行区分，安全导向的核心素质包括安全意识、安全人格和安全执行力；风险导向的核心素质包括各类典型缺陷心理和风险处理能力。

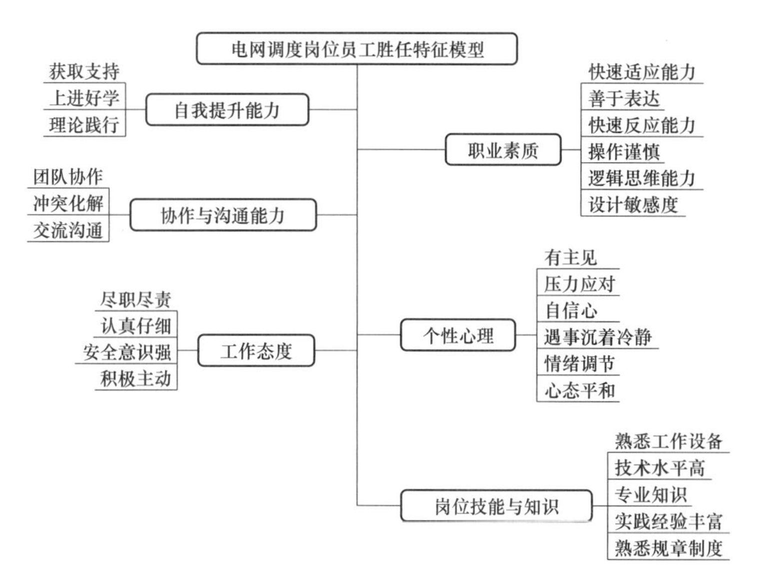


图 6－7　电网调度岗位员工胜任特征模型

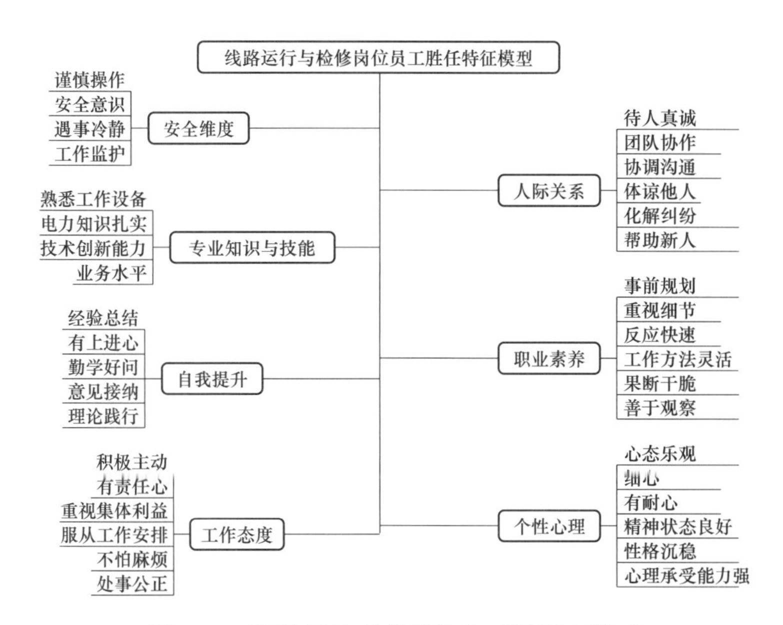


图 6－8　线路运行与检修岗位员工胜任特征模型

我们将由内核到表层、从核心素质到边缘素质对安全心理素质洋葱模型的各个维度进行详细介绍。

### 1．核心素质

核心素质指与工作高度相关的胜任素质，可根据安全导向和风险导向分为两个大的部分。

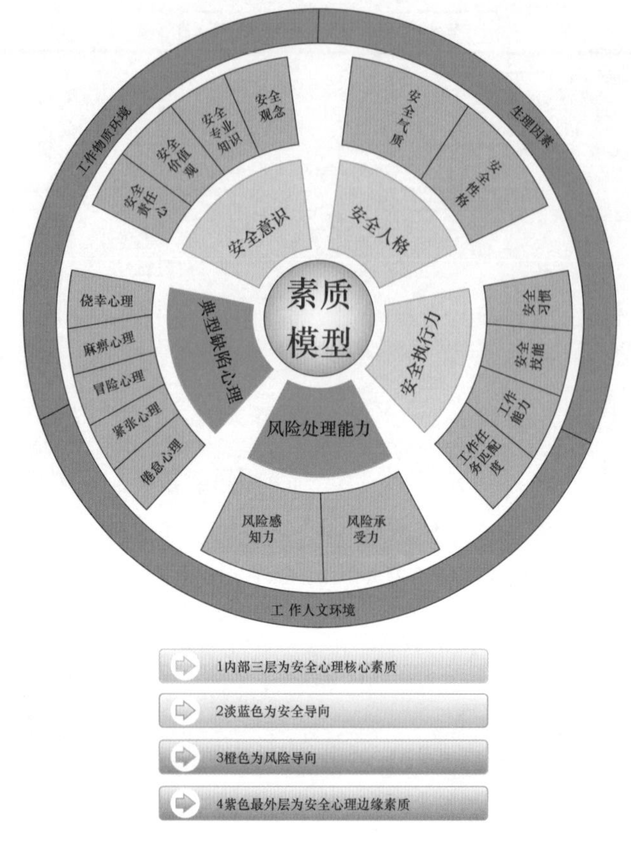


图6－9　安全心理素质洋葱模型

（1）安全导向。

安全导向指与安全生产息息相关，能较好地保证生产安全性的维度，如图6－10所示，包括意识维度、人格维度和行为维度三个大的方面。因为安全知识、安全意识、认知能力等所体现的都是个体对安全的所知、所想，所以被归为意识维度，即安全意识；而操作能力、安全习惯、压力应对等是个体在工作中的实际表现，都可以被归为行为维度，即安全执行力；而人格特质、个性倾向性等心理特质更倾向于是指个体在人格特质方面的特点，因而都可以被归为人格维度，即安全人格。

（2）风险导向。

风险导向指生产工作过程中与事故的发生紧密联系的相关维度，从未然和实然的角度来分，包括事故发生前的安全事故易感因素，即典型缺陷心理，和事故发生后的处理和应对，即风险处理能力，如图6－11所示。

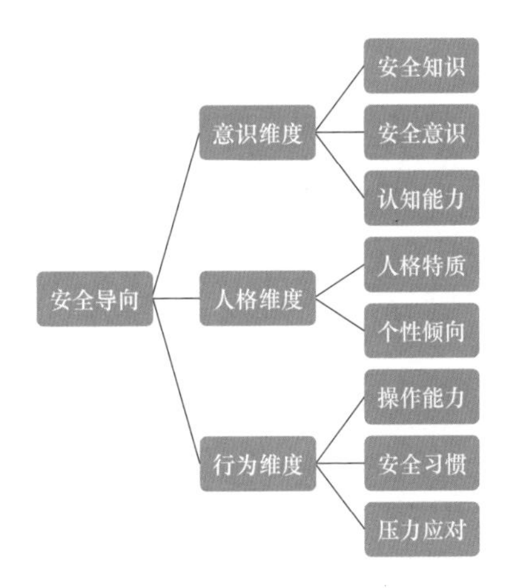


图 6－10　安全导向图

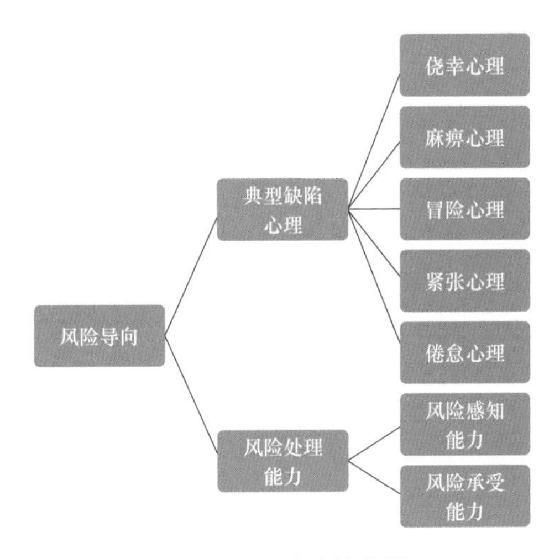


图 6－11　风险导向图

1）典型缺陷心理。通过对以往电力员工发生事故的分析，我们发现事故原因主要是违章操作，而导致违章操作的原因又可细分为以下几种：第一，由于疏忽大意未能及时发现安全隐患；第二，由于心存侥幸，在明知操作违规的情况下仍然继续作业，如在工作过程中摘下安全帽、不穿绝缘服；第三，由于散漫大意，对待工作不严谨，漠视工作章程，而导致安全事故，如监护人员在监护工作完成之前开始从事别的工作；第四，由于技术不熟练、经验不充足，对危险或突发事件缺乏预判和及时的反应能力，遇事慌乱，继而导致违规行为或误操作的出现，这在新员工身上较常见；第五，由于过度疲劳，工作负荷过大而导致反应能力下降，或由于长时间从事简单的机械化的工作，而导致态度马虎和警觉下降。

根据大量的调研及数据分析，在前人对不安全心理研究成果的基础上，我们总结了电力行业员工极易造成安全事故的五种典型缺陷心理，如表 6-1 所示。

表 6-1 五种典型缺陷心理表

| 典型缺陷心理 | 特征 |
| --- | --- |
| 侥幸心理 | 明知故犯、心存侥幸，是导致违章最主要的心态 |
| 麻痹心理 | 大意、粗心、思想放松、不求甚解 |
| 冒险心理 | 虚荣心、受激情驱使 |
| 紧张心理 | 因技术不熟、经验不足而过度紧张，遇事易慌乱 |
| 倦怠心理 | 因过度疲惫或反复从事简单工作而导致警觉下降 |

侥幸心理：是个体在面对安全隐患时，无视危险本身的性质和发生的概率，盲目地想根据自己的好恶来左右客观规律，把低概率的事件绝对化，如自信自己即使违规操作也能有幸避免安全事故。这种侥幸心理状态下产生的具体行为表现为个体主观思想上的明知故犯，自作聪明地认为偶尔违反某些规章制度并不一定会发生安全事故，投机取巧地认为违反规章制度别人不一定会发现；在客观行为方面表现为擅改操作规程、作业前不仔细检查设备、违反电力操作严格的着装规定，不穿绝缘鞋、不戴安全帽等。

麻痹心理：指人由于长时间从事同一生产操作过程，因安全意识淡薄或凭借以往没有出过事故的“经验”而粗心大意、放松警惕的心理现象。我们的大脑每天都需要接受不同的一定量的刺激，刺激过量或不足都会导致感受力的下降，而感受力下降则会导致判断力、反应灵敏度下降，进而导致行为迟钝，从而引发安全事故。这类个体的主要表现为对工作心不在焉、马马虎虎，有章不循，固守不良工作习惯，对待工作不严谨，态度上满不在乎，安全意识薄弱，漠视安全工作的各项章程，对违反规章制度行为采取忽视的态度。

冒险心理：具有这类心理的个体一般具有虚荣心过强，喜欢炫耀的性格特征，特别渴望表现自己，这种心理状态在部分青年员工中表现比较突出。他们往往会过于相信自己的能力，盲目自信、爱面子、自尊心过强，这类心理活动极易导致个体的冒险蛮干，继而引发安全事故。这种安全事故的具体行为表现有：短时间登高带电作业时不系安全带、对违反规章制度进行打赌冒险、未确认停电就进入场地作业等。

紧张心理：对个体的影响最大也最广泛。一般有紧张心理的操作者都是新工人或调换工种后没有经过技术培训或参加训练的员工。他们的工作热情高，但操作技术差，不熟悉生产工作流程和规章制度，遇到危险易惊慌失措，新员工上岗时，所处的环境新刺激过多，导致注意力分散，正常操作易出现混乱等。

倦怠心理：主要来源于两种：一是工作任务过于繁重和复杂，超出了员工的实际工作能力。由于电力行业的工作性质，户外作业常使得员工在身体上承受着巨大的负荷，长时间高频率地作业使得员工过于疲惫；同时危险作业又给员工带来极大的心理精神压力，而这些消极因素在很大程度上难以凭借员工自己的力量来控制和改变，长时间处于这种身心俱疲的状态，会导致人的惰性增强，警觉力下降，对工作提不起兴致。二是长期从事简单重复性的操作性工作，突出地表现在变电、调压、通信运行的人员身上，这些心理状态下的具体行为表现有安全学习不认真、工作兴奋度低、明知机器运转不正常却懒得停下来检查或调整机器等。

2）风险处理能力。由于电力行业工作性质的高压性、高风险性，一旦造成安全生产事故，严重的身心创伤和巨额的财产损失几乎是不可避免的，所以电力行业的安全与操作人员对工作任务本身和周围环境中存在的风险隐患的认知，以及在执行任务操作时对工作的专注、对安全事项的全面预判与应急密切相关。因而能够及时识别和处理风险的能力对于电力行业的员工而言，有十分重要的现实意义。具体来说，风险处理能力既包括对风险的感知，即风险感知能力，也包括对风险的应对，即风险承受能力。

风险感知能力：指员工对工作中细微之处的观察能力，对工作中存在的危险因素或事故预兆的高度敏感性。具体来说，它包括以下几个方面：

熟悉事故预兆；对异常状况的敏感性强；善于观察工作中的细微之处；自觉反省自己的工作态度和行为。

风险承受能力：是在风险感知能力的基础上定义起来的，它是指员工在感知到可能造成事故的危险因素存在时，或洞察到事故预兆的存在时，或在突然发生紧急事故时，对此类情况或事件的应对和处理能力。具体包括：在感知到危险或事故预兆时主动预防可能要出现的危险或事故；反应敏捷，能够迅速、果断地处理突发事件，及时有效地解决工作中的问题。

2. 边缘素质

除了上述核心素质对于电网生产安全有着重要影响外，生理因素、人文环境、物质环境等客观因素也在一定程度上影响着安全生产。边缘素质指对安全生产能够造成一定影响的、在作业过程中非作业员主观可控的因素。核心素质与边缘素质的关系就像种子本身与生长环境的关系，种子本身决定了它能结出什么样的果实，是应然性的，而环境则关乎种子成长的质量，它的影响是实然性的。基于对以往研究的总结梳理，结合国网湖北省电力有限公司的实际调研与分析，我们将边缘素质划分为生理、人文和物质三个方面，如图 6－12 所示。

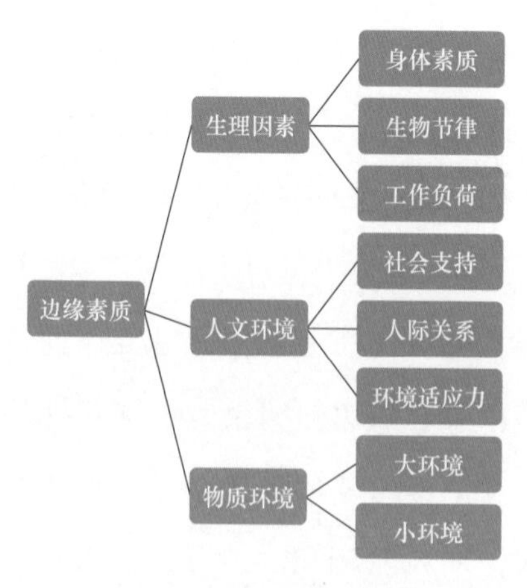


图 6－12　边缘素质

（1）生理因素。

1）身体素质。身体素质指人体在运动中所表现出来的力量、速度、耐力、灵敏度及柔韧性等身体能力。不同性别、年龄、健康状况的人的身体素质存在较大差异。性别方面，在电力行业中，有些工作具有一定的性别针对性，如施工等重体力活通常由男性员工承担。年龄方面，年龄较大的员工的体能、耐力和反应速度等在一定程度上会逊色于年轻人，虽然总体上年长的员工事故率低于年轻人，但在遇到紧急情况时，年轻人在此方面占据一定优势。健康状况方面，长期处于非健康状态的员工，身体机能方面的功能下降，不适合从事攀爬、上塔等对体能和身体灵敏度要求较高的工作。

2）生物节律。我们在某些时候感到体力充沛、精神焕发，但在另一些时候却又感到疲惫不堪、萎靡不振，几乎每个人都体验过这两种截然不同的状态，而这一状态就是由生物节律造成的，如图 6－13 所示。科学家经过长期研究发现，体力、情绪和智力这三大因素对人的自我感觉的影响最大，而这三者的变化有一定的规律可循，既有高潮期也有低潮期。即便是同一个人，在不同生理状态下，也可能会有完全不同的表现，因此我们应注意识别生物节律低潮期，避免员工在低潮期从事危险作业。

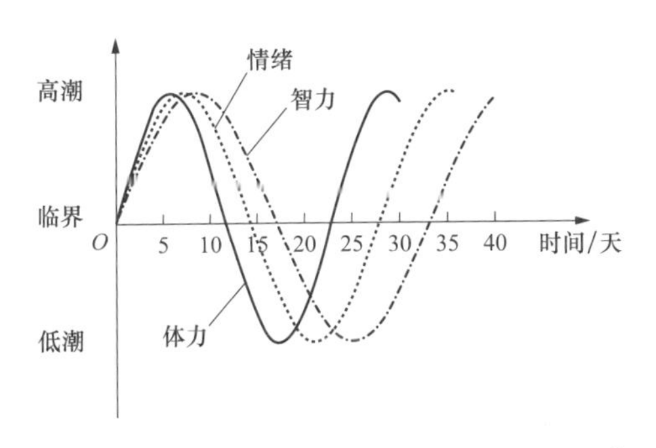


图 6－13　人的体力、情绪、智力变化曲线[1]

生物节律低潮期在体力方面表现为肌肉乏力、耐力差、身体灵敏度下降，工作时常感到力不从心，易疲劳；在情绪方面表现为情绪低落、闷闷

[1] 任林茂．人体生物节律在道路交通安全中的应用［J］．大众科技，2014，16（06）：297－299.

不乐、意志消沉，对消极情绪的控制能力减弱，烦躁不安、易激怒；智力方面表现为思维迟钝、记忆力减弱、注意力分散、常丢三落四、理解能力下降、逻辑能力较弱、判断力降低等❶。

3）工作负荷。通常人们把个体在正常环境中连续工作且不过度疲劳的最大工作负荷值，称为最大可接受工作负荷水平。在确定最大可接受工作负荷水平时，应考虑人们的个体差异和工作性质。我们能持续较长时间做一些简单轻松的事情，但是对于复杂的难度极大又具有危险性的工作，只能持续较短的时间，所以设置工作时长时应考虑到电力行业工作性质的特殊性。一般来说，疲劳感、肌肉酸痛感等主观体验是体力劳动工作负荷的评定手段；而情绪状况、睡眠质量则是脑力劳动工作负荷评定的最直接指标。无论工作超负荷（工作要求远高于个人能力），还是低负荷（工作要求远低于工作能力），都不利于高效率的保持。比如安排新员工在上岗第一天连续承担多处检修任务，缺乏休息很容易因为过度紧张和疲劳引发安全事故。

（2）人文环境。

工作人文环境，也就是社会环境，是用于描述工作中的社会支持、人际关系等方面的一个综述性概念。电网员工大多数以小组为单位进行工作，外出作业需要两人以上同行，平时任务的分配也是在一个班组内进行，所以人文环境对工作状态有较大影响。

1）社会支持。关于社会支持的主效应模型认为社会支持能够促进个体身心健康。社会支持对身心健康有显著的正向影响作用，如个体能获得越多的社会支持，其相应地也会拥有越健康的身心状况。而社会支持的缓冲器模型则与主效应模型对健康增益的关注相反，转而关注社会支持对危机的作用，认为社会支持在个体出现心理危机时能起到缓冲作用，从而减少消极事件对个体身心健康的影响。

---

❶ 潘耀明．基于生物节律的公路客运驾驶员安全管理技术研究［D］．广州：华南理工大学，2010.

2）人际关系。社会性是人的本质属性，人类的心理适应，最主要的就是对社会中人际关系的适应。每个人都同时扮演者多种社会角色，父母、子女、朋友、同事，面对如此纷繁复杂的人际关系，那些没有习得合适的应对方式的人不能很好地处理人际关系，因而出现了各种各样的人际问题，要么常感到孤独失落、避免表达自己的真实感受，要么与他人发生冲突，讨厌某人或被某人讨厌，有的人则不能广泛地听取意见而被他人排斥。在人际关系上所存在的心理健康问题表现为自我中心、多疑、害羞、孤僻、自卑、嫉妒、社交恐惧等，这些心理障碍大大影响了人们正常的生活、工作、学习。由于电力行业经常需要几人结伴外出作业，如果不能营造良好和谐的人际关系，那么势必会影响到工作的效率，甚至带来安全隐患。

3）环境适应力。环境适应力简单来说就是个体适应环境的能力。个体对环境的适应有三个基本组成部分：社会适应过程的主体，即个体自身；情境，包括自然和社会对个体的要求和限制；改变，即社会适应的中心环节，包含两种情况，要么个体改变自己以适应环境，要么个体改变环境来满足自己的需求。个体在遇到新情境时的适应方式可以概括为三种：问题解决型，即改变环境使之适合自身的需要，比如当新员工对施工地居住环境不满意时，可适当进行环境改造，如打扫卫生使环境变得干净整洁，来使环境符合自己的要求；接受现实型，即接受和遵从新情境的社会规范和准则，通过改变自己来适应环境，包括改变自己的态度、价值观等，如酷暑天气户外施工觉得太热，但迫于安全准则，告诉自己生命安全比身体舒适更重要而坚持佩戴安全帽；矛盾型，即个体采用心理防御机制掩盖由新情境的要求和个体需要的矛盾产生的压力和焦虑的来源，如虽然想要制止前辈的违章操作行为，但碍于自己的新人身份，只能在内心告诉自己前辈经验丰富，应该不会有事的，但仍然不能完全说服自己，并为此感到紧张和焦虑。

（3）物质环境。

1）大环境。大环境包括气候、地形地貌、自然灾害等因素。一般情况下，电力系统的设计准则已经考虑了气候和环境的条件，然而极端气象引起的自然灾害仍然是现阶段造成电力设备故障的主要原因之一，洪水、山体滑坡、地震、台风等自然灾害都极大地威胁着电网安全，如覆冰导致线路断线，暴雨或台风导致电线舞动，凝露、冻雾、雷电引起绝缘闪络等。电网安全生产的关联性强，影响电网安全的因素多而复杂，从一次能源，到发、输、配、用的任何一个环节出了问题，都有可能引发电网事故，造成灾难性后果，这些因素相互之间的关联性决定了风险防控的复杂性。

大环境发生问题的可怕之处在于会直接导致大型设备的瘫痪，自然灾害等不可抗拒事件的发生，会直接或间接导致电力生产环境的阻断，所以人力就成为排除故障唯一的指望。在恶劣的环境中从事危险的工作，有时甚至需要不眠不休地持续工作十个小时以上，这时候安全事故就成了需要时时刻刻小心提防的事情。在这种情况下，企业管理者需要采取以人为本的管理理念，通过人性化的管理方式，激发员工的潜能，鼓励员工提高自己的专业技术、安全工作水平，增强对突发事件的应急处理能力，发挥他们的主观能动性，从根本上降低安全事故发生的可能性，保证电网的安全生产。

2）小环境。小环境包括设备齐全程度、设备更新问题、设备规格缺陷、设备与环境不匹配程度等因素。

为了避免或减少电网设备故障和事故的发生，必须加强并实现设备管理手段和方法的现代化，使安全隐患能在事故发生前得到恰当的处理，对于设备的管理应从以“修”为主逐步转移到以“防”为主。此外，运行人员准确合理地使用和操作设备也是设备安全管理的重要组成部分，直接关系到设备的状态和使用年限，是设备完好的关键和保障，也是避免设备事故的前提。因此，需积极推行变电站“标准化管理”，用“标准化管理”来科学地规范运行人员的日常工作，要求每个运行人员必须严格按标准工作，并在执行过程中不断加以完善。

（四）维度赋权

我们在前期文献查阅的基础上，确定了他评量表的四大维度，分别是安全心理边缘素质、安全意识、安全执行力、工作心态。针对这四个维度，我们列出了包含小维度的综合性量表，并且在访谈的过程中，让班组长对这些维度进行权重分配，最终得出一份平均的权重数据。为了更好了解专家们对于他评量表中各个指标权重的看法，研究者也向安全专家及国网湖北省电力有限公司安全相关领导发放他评赋值意见汇总表，专家们根据自己的见解对赋值意见汇总表中的安全心理边缘素质、安全意识、安全执行力和工作心态在安全工作的重要性给予评分，综合班组长、安全专家以及电力专家意见，得到最终的维度赋权结果，赋权数值代表该维度对于安全生产的重要程度，如表6－2所示，此结果将作为测评系统他评维度库抽取题目数量的权重依据。

表6－2　安全心理素质模型各个维度得分及权重表

| 一级维度及权重 | 二级维度及权重 | 三级维度及权重 | 四级维度 | 均值 | 权重 |
| --- | --- | --- | --- | --- | --- |
| 安全心理核心素质（68.1%） | 安全导向（42.9%） | 安全意识（17.6%） | 安全责任心 | 4.79 | 4.8% |
| | | | 安全价值观 | 4.79 | 4.8% |
| | | | 安全专业知识 | 4.32 | 4.3% |
| | | | 安全观念 | 3.71 | 3.7% |
| | | 安全人格（7.2%） | 安全气质 | 3.68 | 3.7% |
| | | | 安全性格 | 3.46 | 3.5% |
| | | 安全执行力（18.1%） | 安全习惯 | 4.29 | 4.3% |
| | | | 安全技能 | 4.93 | 5.0% |
| | | | 工作能力 | 5.25 | 5.3% |
| | | | 工作任务匹配度 | 3.46 | 3.5% |
| | 风险导向（25.2%） | 典型缺陷心理（17.1%） | 侥幸心理 | 3.61 | 3.6% |
| | | | 麻痹心理 | 3.5 | 3.5% |
| | | | 冒险心理 | 3.39 | 3.4% |
| | | | 紧张心理 | 3.39 | 3.4% |
| | | | 倦怠心理 | 3.32 | 3.3% |
| | | 风险处理能力（8.1%） | 风险感知能力 | 4.29 | 4.3% |
| | | | 风险承受能力 | 3.82 | 3.8% |

续表

| 一级维度及权重 | 二级维度及权重 | 三级维度及权重 | 四级维度 | 均值 | 权重 |
| --- | --- | --- | --- | --- | --- |
| 安全心理边缘素质（31.9%） | 生理因素（12.7%） | | 身体素质 | 5.11 | 5.1% |
| | | | 生物节律 | 3.29 | 3.3% |
| | | | 工作负荷 | 4.33 | 4.3% |
| | 工作人文环境因素（10.2%） | | 社会支持 | 2.64 | 2.6% |
| | | | 人际环境 | 3.71 | 3.7% |
| | | | 环境适应力 | 3.89 | 3.9% |
| | 工作物质环境因素（9.0%） | | 大环境 | 4.18 | 4.2% |
| | | | 小环境 | 4.79 | 4.8% |

（五）使用方式

安全心理素质洋葱模型按照重要程度全面列出了与安全生产息息相关的各类因素，从内因到外因，从特质到状态，从安全导向到风险导向，为员工的素质自查和企业的组织管理都提供了重要的指导意义。

首先，从个体层面而言，模型列出了与安全生产相关的各类核心素质，如安全意识和安全执行力、安全人格，员工可对自己进行相关自查，如果发现自己的人格气质确实不适合从事与安全相关的工作，那么可以申请调离岗位，尽量不接触高危工作；如果发现自己的安全意识和安全执行力方面存在不足，那么可以针对性地学习相关的知识，提高自己的能力水平，充分发挥主观能动性，使自己符合安全生产的标准。

对组织层面而言，首先，企业可以加强对员工的安全知识考核，以确保员工具有必要的与安全生产相关的知识储备，避免因无知而产生的安全事故；其次，企业可以有针对性地开展各类培训，以加强与员工安全生产相关的特定方面的能力；第三，创造良好的工作环境，包括内环境和外环境。内环境指员工本身的状态，保证每位员工有足够的休息和调整的时间，避免超负荷工作，鼓励员工锻炼身体，提高身体素质，有充沛的精力开展工作；外环境指的是外部环境，包括工作的人际环境和物质环境，营造良好的工作氛围和企业组织文化，改善员工的生存状态如居住环境等。

在模型基本建设完成之后，根据重要性对各个维度进行赋权，并根据维度设计量表题，量表1000题涵盖安全心理模型的各个维度，通过计算机编程技术开发手机APP，将题库内置于APP内，在员工上岗上工之前进行量表测试。测试分为两部分，分别是员工自评和班组长他评，测试题按维度赋权，随机呈现。如果测试结果为“红灯”，则表示该员工的状态不佳，急于上岗可能存在安全隐患，暂时不适合上岗；如果测试结果为“绿灯”，则表示该员工状态较好，适合继续开展一线工作。安全心理素质模型前期的主要作用在于为一线工人提供一个上工前的安全状态监测，及时筛查出不符合上工要求的存在安全隐患的员工，从而最大程度确保作业安全，减少人因事故的发生。

（六）创新性和价值

在此之前，电网企业已经开展过一些安全方面的心理研究，但这些研究存在着一定的不足，如多数研究都是针对某个具体问题或某一个别方面进行的心理调研，缺乏一定的系统性；调研主要采用国外已开发的量表，评估内容过于宽泛，加上文化差异，与我国电网企业适配性差，缺乏一定的针对性；缺乏关联性应用和分析，短期应用多，长期跟踪少，应用性不足。

当前研究的最大成果在于开发了适用于电力的安全心理素质洋葱模型，弥补了前人研究的不足。该模型通过对湖北电网系统内的各个岗位一线生产员工和部分相应的管理者进行实地访谈、问卷调研，全面了解各专业、各职位员工安全心理状况，使得量化分析和质性分析相结合，相互印证，同时将实践经验与安全心理学方面的专业理论相结合，具有极大的科学性。

研究方法的完整性不仅保证了量表的系统性和全面性，而且对于研究成果的落地打下了坚实的基础。在洋葱模型的基础上，我们编制了体系化的测评题库及对应测评软件，随时可以测评任一岗位上任一员工的安全心理素质水平，为后续安全生产提供指导性建议和保障。在员工进行一线工作之前，由员工对自己的状态进行自评，由班组长对该员工进行他评，有助于根据安全心理素质模型对人因安全隐患进行排查，及时筛除状态不佳的员工，最大程度上确保安全生产。

### （七）电力行业应用价值

模型主要应用于一线员工的岗前筛查，通过员工自评和班组长他评，及时识别出状态不佳、存在安全隐患的、不适合进行一线危险作业的员工，只有在自评和他评结果同为绿灯时，才准许进行一线作业。这一排查和筛选在很大程度上能够减少人因事故的发生。

在素质模型中，根据专家团队已划分出的各维度的比重，我们在一定程度上解决了现有理论体系对电力行业针对性不强，在工作岗位和专业类别上鉴别性不够的问题，使得本模型能更有针对性地被应用在电力行业的方方面面。

具体来说，该模型在企业组织层面上的应用包括前期的人员录用、中期的人员调配、后期人员的针对培训；在企业管理者层面上，管理者能通过该模型筛选出不符合素质要求的个体，对符合模型的个体进行进一步的培养，以提高企业的综合实力，促进各地级企业的合理正向竞争；最后，员工个人也能通过该模型进行有针对性的自身能力强化。

第一，在员工招聘上，首先，常规的技能评测可以结合素质模型进行强化，在安全执行力、风险处理能力上更加看重；其次，在心理素质上，结合素质模型和后期完善的自评量表，对员工的安全人格、安全意识进行测评，对情绪稳定性、意志力、安全责任心、安全价值观、团队意识、服从意识、原则意识、时间意识、创新意识、时间管理倾向等方面进行考察，为企业挑选出更合适的工作人选。

第二，在员工调配上，首先，做到量职录用、人尽其才。根据安全执行力中的工作能力和工作任务匹配度，把人才安排在更合适的岗位上，保证工作能力与岗位的匹配度，比如不同岗位对沟通能力、思考能力、管理组织能力、学习能力、理解能力、观察能力、分析能力、人际交往能力、创新能力等方面的要求是不同的，可以进行相应的岗位调整，用其所长，避其所短，有效地降低安全事故发生率和服务用户的投诉率，提升大众对电力企业的满意度。

第三，在员工考核上，除了考核安全专业知识、安全技能外，还需要考核安全观念、安全习惯等本质看法和工作细节。另外，排查典型缺陷心理也是必不可少的环节，进一步结合员工实际情况和素质模型的详细报告，辨别员工不安全心理的具体类别，并进行更有针对性的培训和素质改善。

第四，在员工培训上，根据素质模型和自评、他评量表，建立和完善员工档案，对员工长期发展进行跟踪。在培训主题的选择上，选取员工们普遍存在的问题。从大问题入手，同时在小的方面，通过合格的班组长去妥善解决班组成员的思想问题和行为问题，以预防和消除员工的心理缺陷和技能问题，降低安全事故发生率。另外，注重员工的风险处理能力，包括风险感知力和心理承受力，培养员工对工作中细微之处的观察能力，对工作中的危险因素和事故预兆的高度敏感性，以及迅速果断地处理突发事件的能力和自觉反省自己工作行为的态度和习惯。

第五，呼吁员工个人重视自身的安全工作素养。通常员工对自身工作素质的认识处于一种模糊的状态，使用素质模型能有效提高他们对安全素质的了解程度，更全面地观察自我，查漏补缺，进行自身素质的检讨和看法分享，其中做得好的员工还能对其他员工起到带头模范作用。

第六，边缘素质的使用。生理因素、工作人文环境、工作物质环境是不容忽视的外围素质因素，如果能准确知道具体是哪些因素对员工的状态产生了不良影响，那么公司或班组就可采取特定措施来帮助其改善目前的状况，为员工营造一个更好的工作环境。同时，由于气候等物质环境对安全生产带来不良影响，所以公司可对此类突发情况进行有针对性的培训，并且及时更换设备以匹配恶劣的物理环境。

# 6.2

# 胜任力模型应用研究

## 6.2.1 研究目的

我们想在胜任力模型的基础之上，进一步研究出安全人胜任力模型，安全胜任力从狭义上讲，是指通过安全教育和安全培训后获得的安全方面的知识、安全操作方面的技能以及对待安全生产知识、安全培训、安全操作规范正确的态度等方面；从广义上讲是指一个人从事某些具有危险性的工作时，无论是身体素质还是心理素质，能力素养方面，都满足胜任这项工作的要求，无论是工作结果还是工作过程都符合安全生产的要求。

在戴维·麦克里兰[1]最初的分析框架中，胜任力是一个统合的概念，是“与工作绩效或生活中其他重要成果直接相似或相联系的知识、技能、能力、特质或动机。”安全胜任力的概念不同于安全知识和安全技能，安全胜任力的内涵比安全知识、安全技能要丰富，一个人拥有丰富的安全知识不等于他拥有了安全技能，通过实践不断的练习，能广泛迁移的知识才能形成技能，同样，一个人拥有了丰富的安全知识、多种安全技能也不等于他具有安全胜任力，在实际安全生产操作过程中，能胜任每一次安全工作，不仅要拥有丰富的安全知识，多种安全技能，还要有良好的心理素质，所以，安全胜任力涵盖了很多方面。

[1] 戴维·麦克里兰（1917—1998年），美国社会心理学家，1941年获耶鲁大学心理学哲学博士学位，1956年开始在哈佛大学任心理学教授，1987年后转任波士顿大学教授直到退休，1987年美国心理学会杰出科学贡献奖得主，当代研究动机的权威心理学家，并以三种需要理论而著称。

安全胜任力由四个层次构成，如图6－14安全胜任力TASK模型所示。

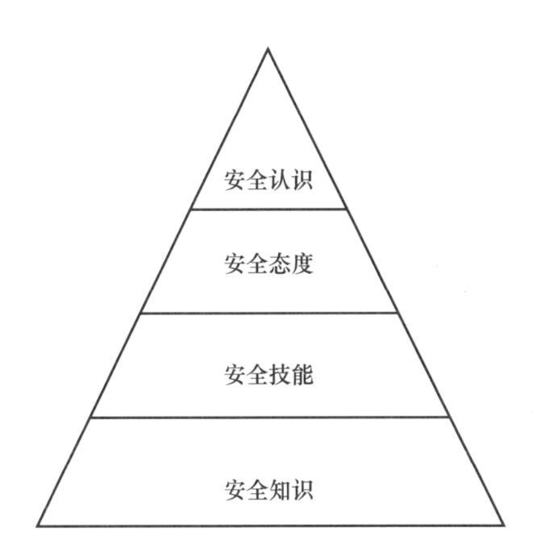


图6－14　安全胜任力TASK模型

安全认识，即对做某件事情是否安全的正确认识，比如，一位员工在上工的时候，由于情况比较紧急，并没有带一些辅助性的工具，这时他觉得那些工具只是辅助型工具，作为上工的老手，经验很丰富，所以应该可以应付得来，用手也没有关系，毕竟情况紧急，不能耽误了紧急情况的维修，最终决定用手代替规定用具操作。这一行为表明该员工对这项工作没有正确的安全认识。

安全态度，即在做某件具有安全风险事件时，不投机取巧，不抱侥幸心理、冒险心理等不安全心理，对待安全生产、安全操作能有一个正确的态度。比如某位一线员工，在对待工作上，不管是否有人监督，不管相关操作是复杂还是简单，都自觉地、认真地学习相关安全知识。马上要去例行上工，因为清楚自己要做些什么，即使一些很重的工具，可能用得上的都带上，不怕一万，就怕万一出了什么差错，需要用上这些工具，这表明这位员工具有很好的安全态度。

安全技能，即个体所掌握的安全地做完某件事情的技能。安全生产有9项基本技能，其中一项安全技能是个体必须掌握个人防护用品使用技能，如安全帽、工作服、呼吸器等防护用品的使用。

安全知识，即个体拥有的关于安全完成某件事情所需要的知识。比如，每次在公司各个地方都会看到很多安全警告标志与安全操作标志，员工很清楚那些安全警告标志是什么意思，该如何操作才是安全的。

图6-15、图6-16是一些安全警告标志图。

图6-15　“禁止合闸，有人工作”安全警告标志

图6-16　“必须穿防护服”安全警告标志

处于安全TASK模型金字塔下面的两层是安全知识和安全技能。一般认为，做一个好的安全人，必须有安全知识和安全技能。安全知识和安全技能是最基本的，但一个优秀的安全人仅仅有安全知识和安全技能是不够的，如每次上工作业的时候，员工都会看到很多安全警告标志与安全操作标志，这些标志都是在安全培训时多次强调过的，一位老员工A觉得这些标志有些没用，纯粹是起了摆设的作用，公司有点过于形式主义了，由此可以看出，尽管员工A具备安全知识和安全技能，但他没有一个正确的安全态度，不符合安全人的评估标准，然而，由于社会赞许效应，员工A不会把自己最真实的想法当着任何人的面表述出来，当公司无法识别出这样的员工时，就面临着潜在的风险。

由于人在生理、心理、社会和精神等方面的特点和极限，存在较大的差异，有的人情绪稳定性好，有的人尽责，有的人内向等等，这些方面的差异有的是与生俱来的，有的方面是后天的教育和培养得到的，这些差异很难进行控制，心理层面的特点更像是在一个黑箱子里，只能通过行为进行推测。由于时间和精力等条件的限制，很难观察到一个人各方面的行为，因此很难通过观察对一个人形成全面的评估，此时，运用科学的方法对一个人的安全胜任力进行评估就显得极为重要了，我们的研究目的就是为了运用科学的方法对人的安全胜任力进行评估，通过广泛查阅资料和访谈、问卷等方式，确定安全人胜任力模型，并且确定两条边界，一条是合格安全人边界，即达到此边界以上就属于合格的安全人，另一条是优秀安全人边界，即达到此边界以上的员工，就能称之为优秀的安全人。

通过安全人胜任力模型，在招聘阶段，筛选掉不合格的应聘者；在培训阶段，对潜在合格的新员工、合格老员工进行有针对性的安全培训，让他们都达到合格甚至达到优秀安全水平，再到一线上工或者担任重要的角色。此外，根据安全人胜任力模型，通过心理测评系统的测评结果，还可以及时识别出不适合在一线工作的员工，这样，能合理调配人员，避免安全风险，最终达到安全生产的目的。

### 6.2.2 意义

（一）理论意义

第一，对国网湖北省电力有限公司电力行业安全人胜任力模型的研究，是对特殊行业、特定岗位人才的胜任力的研究，安全人胜任力模型全面地揭示了安全人胜任力包括的因素，强调达到安全生产所需要的核心素质，给其他特殊行业安全胜任力的评估体系提供一定的参考。

第二，研究安全人胜任力模型，可以丰富能力素质理论研究，提供多样化的安全人能力素质素材。

第三，研究安全人胜任力模型，可以丰富企业人才培养体系。可以根据安全胜任力模型各个维度，开发相应的培训课程；在招聘阶段，考虑胜任力模型的各个维度，可以完善选拔机制，最大限度挑选有潜力的安全人才。

第四，研究安全人胜任力模型，可以丰富企业晋升机制。安全人胜任力模型可以提供量化的考核依据，为人才的综合评估、合理调配以及选拔重用提供指引。

（二）实践意义

第一，从安全人胜任力的角度对安全工作进行研究，析取与安全工作高度相关的胜任素质，构建企业员工安全胜任力模型，可以为降低人因事故的发生提供理论依据，并为实践干预工作提供具体指导[1]。

第二，研究安全人胜任力模型可以评估高危行业工作人员的可靠性和整体素质，通过合理筛选出合格以及优秀安全人，最终达到减少事故、确保安全生产的目的。

第三，研究安全人胜任能力，可以科学地配置人员的工作岗位，有针对性地开展培训，从而有效地避免事故的发生[2]。

第四，该模型对前期的人员录取，中期的人员调配，后期人员的针对性的培训有借鉴意义，有助于对不符合模型的个体进行有选择性的筛选，同时，有助于对符合模型的个体进一步的培养以提高整体的综合实力。

第五，能在员工上工之前对员工进行及时测评，了解员工的心理及生理状态，评价该员工此刻的生理和心理状态是否适合上工，对员工做出适当的安排，减少一切可能的事故的发生。

### （三）创新性

第一，建构并验证了国网湖北省电力有限公司电力安全人胜任力模型，拓展了安全胜任力的研究领域。安全人胜任力模型研究，可以促进人力资源管理从传统的事后管理向事前管理变革。同时，安全人胜任力模型在人才招聘与选拔，培训与教育、绩效考核和升职加薪、评优评先、激励表彰等方面，都能提供一个可靠的依据。

第二，本研究基于国网湖北省电力有限公司实际，结合安全人胜任力模型对专业技术人员培训体系进行了系统性的优化，可以推广至技能人员、辅助人员，乃至管理人员的培训体系优化，从而打造符合企业发展的科学的人力培训系统。同时，对其他企业的专业技术人员管理也起到了借鉴与参考作用，具有很强的创新意义。

---

[1] 赵泓超．基于生理—心理测量的矿工不安全行为实验研究［D］．西安：西安科技大学，2012，第 100 页．

[2] 沈雅利等．电力人因事故中安全心理及生理相关研究综述［J］．通讯世界，2019.26（08）：368－369.

（四）应用价值

第一，在招聘与选拔方面，安全人胜任力模型可以提供全面的安全工作胜任要求和安全产生高绩效所需的安全知识、安全技能和安全态度、安全意识等方面的量化标准，更有可能雇佣到具有优秀安全潜力的员工，从源头上对企业安全生产提供保障。

第二，在培训与开发方面，安全人胜任力模型使企业员工和管理者能够把关注的重点放在对安全生产有最大影响的因素上，同时明确其他维度分布是什么，确保培训项目的开发和开展有轻重缓急之分，合理分配资源，有效利用时间，确保安全培训有用、高效，减少安全事故发生的可能性。

第三，在绩效管理方面，安全人胜任力模型中的核心素质可作为绩效考核的重要组成部分，能确保员工需要具备安全生产的安全知识、安全技能和安全行为等各个方面都受到关注，使绩效考核更加明确和量化，同时使员工更加明确，为了产生高绩效目标而要提升和改进的方面。考核关注已经形成的安全胜任力水平，也关注员工成功潜能的发展，使考核更加灵活和科学。

第四，在企业文化方面，将核心的安全人胜任力模型开发成具体的标准化培训课程，通过课程培训的形式进行企业文化的落实。

（五）静态评估

首先，在员工招聘的时候，通过自评、问卷、访谈等方法，筛选员工，挑选出安全观念、安全感知力、安全应对能力等方面表现优秀的应聘者，进行择优录取，增加门槛，降低风险事故发生的可能性[1]。

其次，根据安全人胜任力模型的维度，对员工进行有针对性的培训，即如果员工哪一方面没有达到合格水平，勒令其停工进行学习，直至达到优秀水平再进行相关工作的开展，如果员工哪一方面达到及格水平但

[1] 高志强，孙丽伟．供电企业操作岗位员工安全胜任力模型的构建［J］．中国安全科学学报，2011.21（08）：22－29.

未达到优秀水平则需要对其进行相关培训，直至所有方面都达到优秀水平。

再次，当管理者知道员工遭遇一些可能影响其工作状态的事情时，通过该员工自评，对其进行他评、问卷调查、访谈进行识别，判断其当下身心状态是否适合上工。

### 6.2.3 项目设计

从近年安全形势的整体来看，随着电力行业内实施的安全制度等安全保障日趋成熟，安全生产事故逐年递减，电力生产中设备事故起数、电网事故起数呈现总体下降趋势，符合安全生产的总体形势，但值得注意的是，电力生产人身伤亡事故数和死亡人数却逆势增加。分析原因，发现目前各类事故中，人因事故占据了绝大部分，成为威胁当前电力安全生产的重要因素。研究历史数据，在供电企业和发电企业的事故致因中，偶然事故仅占2%，人因事故占到77%，物因事故占21%。而在人因方面，最重要的即人的心理状态和生理状况，因此，必须基于此开展员工的安全心理、生理的相关研究。

由于电力行业不间断供电的特殊性，安全要求严，工作高强度，大多数工作人员长期处于疲劳、精神压力偏大的状态，且人在生理、心理等方面存在一定程度的难控性，容易出现不安全的生理和心理状态，导致出现不安全行为。但同时，人在生理、心理等方面也有着良好的可塑性。在电力安全生产中应牢牢抓住人这个核心，坚持人本思想，从人因事故理论的角度出发，持续探索员工的安全心理、安全生理与安全行为的关系，建立完善的心理、生理监测系统，并进行安全预警和干预，有效预防人的不安全行为的发生，保证电网设备、人员安全。

不安全行为的预防措施只须在上工之前根据科学方法对生理和心理状态进行检测，判断生理和心理状态是否适合在一线进行作业操作，通过监测人的生理或心理指标，识别异常状态，然后科学地选择和配备人员，做到人和岗位的最佳匹配。比如，当某位一线操作工，连续工作了八个小时，在工作结束之后感到疲惫不堪时，下班时间突然接到组长电话要求他去抢修线路，原本想好好休息，但是一想到家里上有老下有小，目前就他一个劳动力，孩子上学培训费用特别高，于是就答应了组长，要赶到公司拿工具设备加班。虽然该员工是老员工，组长很信任他，但是他目前的状态不一定适合在一线操作，此时，用心理测评系统对他进行施测，能快速检测出来他目前的状态是否适合继续在一线工地进行操作，如果测评结果是不适合进行操作的话，选择另外一名生理和心理状态都比较好，且具有合格胜任力的员工进行线路抢修，这样就避免了安全事故的发生。

在安全管理工作中，应高度重视这一点，运用合理的行政手段安排不同类型的人从事不同的工作，并在工作中注意观察人的心理和生理状态的变化，必要时做出合理的调整，避免因人的状态不佳发生意外❶。

构建该模型主要基于电力企业员工的工作特点。电力企业员工主要是以电力操作为主，评估一个员工的安全胜任力，不能仅根据一个员工的以往安全知识考核得分和以往的安全绩效。由于安全行业工作的特殊性，电力企业中“事故人”往往都不在其原岗位上继续工作，现有在职员工都是“安全人”，所以不能以此为依据来预测员工的安全胜任力。而电力行业的操作特性又有不均衡、高压力、高风险以及出了事故之后的高损失、操作危险的复杂性和不确定性。所以电力行业的安全在一定程度上取决于操作人员自身对于工作任务、周围环境中存在着的风险和隐患的认知以及在执行任务操作时对于工作的专注和对安全事项的全面思考。由此，评价电力企业员工的安全胜任能力更应着重于其安全认知能力的评价❷。

通过对湖北电网系统内的各个岗位一线生产员工和部分相应的管理

❶ 吴声声，宋守信，张若思．电力企业员工安全胜任力模型构建［J］．生产力研究，2011（03）：152-154.

❷ 吴声声，宋守信，张若思．电力企业员工安全胜任力模型构建［J］．生产力研究，2011（03）：66.

者进行实地访谈、问卷调研，全面了解各专业、各职位上的员工安全心理状况，同时根据员工在访谈过程中收集到的信息，与安全心理学的专业理论相结合，开发了适合国网湖北省电力有限公司员工的安全心理素质模型。

（一）测评对象

（1）大样本施测。

大样本施测即对全体员工进行普测，包括新员工、升职员工、老员工，各级管理层。施测的时间应该是多阶段进行，不是一次完成的，比如在招聘时进行测评，筛选出合格的人员；在上岗前进行测评，根据岗位需要匹配符合要求的员工；在考核时进行测评，把测评结果纳入绩效管理；在培训后进行测评，检查培训的效果；在评优评先时进行测评，科学化的评价有理有据。对同一个人进行多次的测评，对多人进行多种方式测评，覆盖面广，动态测评和静态测评结合，自评和他评结合，问卷和访谈结合，多角度，多维度，全方位进行测评，降低事故发生率。

（2）劳模员工施测。

劳模施测是一种小样本施测，即对常年在一线工作，但是却从来没有发生任何安全操作失误的优秀模范个人、优秀安全工作小组进行施测。每年公司都会评优秀先进个人和优秀先进班组，根据这些人的资料找到这些人，并对他们进行施测，施测结果的统计数值即为优秀安全人边界的实际值。这些劳模员工的各方面成为标杆，同时也是检验安全人胜任力模型信效度的标尺。

（二）测评形式

（1）自评。

安全心理自评问卷以题库的形式，在手机 APP 上呈现，员工在进行工作之前可以先进行自评，判断一下当下身心状态是否适合上工，这给基层员工的安全上工加上多一重的安全保障。

自评的题目在题库中随机抽取，包括心理承受力、意志力、侥幸心理、麻痹心理、冒险心理、紧张心理、倦怠心理、应对方式、情绪稳定性及工作稳定性十个维度，每个维度抽取的题目数量都有区别，并且不同的岗位有不同的针对性题库。参与测评的员工在结束自评之后可以立即得到简单的结果反馈，管理人员可以看到完整的测评报告。

（2）他评。

由班组长完成，要对在他班组内的每个成员都进行测评。测评的内容分为一票否决项目和常规项目两部分，一票否决项目先于常规项目执行。一票否决项目包括应激事件发生、物质滥用、生理指标以及情绪稳定性四个部分，一旦这几个部分出现肯定选项，就立即给出红灯警示，且不再继续常规项目的评价。常规项目包括安全心理边缘素质、安全意识、安全执行力以及工作心态四个部分，测评也是通过在题库中抽取题目组合为问卷，评价结束后会给出评价对象是否适合上工的建议。他评问卷的施测对象为每个班组的班组长。自评问卷用于每个基层工作人员在上工前进行自我状态的检测，而他评问卷是班组长站在旁人的角度，对每个基层人员是否适合上工进行筛查，以期在上工前排查出一些安全隐患，减少事故发生的概率。

（3）问卷。

主要指通过向受调查者发放简明扼要的问卷调查表，让其根据自己的情况填写相关题目，从而获得材料和信息的一种方法。本项目由各单位人资部相关负责人印发问卷并施测，收集数据，用于分析结果和提出结论。我们通过对 16 个地区的员工在线上发放自编的安全心理自评问卷，来分析目前湖北电网规划、检修、建设、调控、营销、运行、物资等不同岗位人员的安全心理状况，并且在访谈过程中通过让班组长填写安全心理他评问卷来最终确定安全心理他评问卷中不同方面的权重。

（4）访谈。

为全面了解国网湖北省电力有限公司电力员工的安全心理素质，根据项目要求，我们查阅相关文献资料，在了解不同岗位的工作内容，以及该员工在该岗位工作期间在安全方面做得较为满意的事情以及不满意的事情的基础上，整理出安全心理访谈提纲。该访谈提纲由研究团队成员共同打磨完成，对参与测评的电力员工进行深入访谈，访谈内容分为三个部分，主要针对访谈对象关于题本的意见反馈进行提问，并收集他们的反馈意见。

访谈法有很多种，第一种是行为事件访谈法，即通过访问员工在工作中的过往经历，试图找出绩效优秀者和绩效一般者之间的不同点。

第二种方法是专家小组讨论法，即将多位专家集中起来，就安全胜任力模型的各个维度和各个方面的要求展开讨论、并最终达成共识的建模方法。专家讨论的方法成本比较低，但是可能存在主观偏差。

第三种是关键事件法，即通过选取一定数量的员工作为访谈对象，分别询问员工的成功安全工作经历和失败安全工作经历，把访谈内容转化为可量化的指标，整理访谈结构❶。

### （三）测评内容设计

通过前期的访谈和量表施测，结合两者的结果进行分析，探索性地形成电网安全人员胜任力模型，从而对后期研究奠定基础，并且有针对性地了解人员素质水平，做到前期录取、中期评估、后期调配有理有据。

自评的题目在题库中随机抽取，包括心理承受力、意志力、侥幸心理、麻痹心理、冒险心理、紧张心理、倦怠心理、应对方式、情绪稳定性及工作稳定性十个维度，每个维度抽取的题目数量都有区别，并且不同的岗位有不同的针对性题库。参与测评的员工在结束自评之后可以立即得到简单的结果反馈，管理人员可以看到完整的测评报告，以便于对有比较显著的心理问题的员工及时进行适当干预。

他评的测评的内容分为一票否决项目和常规项目两部分。一票否决项目包括应激事件发生、物质滥用、生理指标以及情绪稳定性四个部分，一

❶ 赵泓超．基于生理—心理测量的矿工不安全行为实验研究［D］．西安：西安科技大学，2012，第100页．

旦这几个部分出现肯定选项，就立即给出红灯警示，且不再继续常规项目的评价。常规项目包括安全心理边缘素质、安全意识、安全执行力以及工作心态四个部分。

自评与他评在整个安全心理的评价过程中是相辅相成，缺一不可的。在他评问卷的维度设置上，经过项目组的讨论和专家组的评估，我们将他评问卷分为安全心理边缘素质，安全执行力，工作心态以及安全意识四个部分进行考察。

对于国网湖北省电力有限公司普通员工，进行大样本测评，从十个维度对其进行测评和全面评估，根据大样本常模，形成员工测评报告，可以从中发现个人心理层面的优点和不足，对于优秀员工，进行小样本测评，他们在安全人胜任力模型各个维度上所得到的结果，即为优秀安全人边界，以此作为评价员工在安全方面达到优秀水平的标准。最后的结果可以形成剖面图或者雷达图，清晰地显示各个维度上的优秀安全人边界。

（1）安全心理边缘素质。

我们建立了电网员工安全心理素质模型图，内层是安全心理核心素质，属于员工安全工作所必不可少的一些心理素质，它又可从安全导向和风险导向进行区分，安全导向的核心素质包括安全意识、安全人格和安全执行力；风险导向的核心素质包括各类典型缺陷心理和风险处理能力。

在建立安全心理素质模型之后，进一步确定安全人胜任力模型，我们认为安全人胜任力模型的心理核心素质的构建又可以从两个方面，即安全角度和风险角度进行分析研究。核心素质包括安全意识、风险处理能力。安全意识包括安全责任心、安全价值观、安全观念以及安全专业知识。风险处理能力包括风险感知能力与风险承受能力。

（2）边缘因素。

我们在总结前人研究的基础上，结合了问卷分析和基层访谈，在安全人素质模型的边缘素质中添加了生理因素、工作人文环境、工作物质环境三方面的内容。生理因素包括身体素质、性别、年龄、智力、工作负荷、身体健康状况等。工作人文环境，也就是社会环境，用于描述工作中的社会支持、人际关系等方面的一个综述性概念。因为电网员工大多数以小组为单位进行工作，外出作业需要两人以上同行，平时任务的分配也是在一个班组内进行。所以人文环境对他们工作状态的影响是很大的。工作物资环境就包括设施设备、工作场所等客观物资环境。

（四）结果运用

（1）大样本常模。

常模指选取的特定样本人群在测验所要测的特性上的成绩表现、分数或分布状况，可反映不同群体在测验上表现的差异。

常模的构成要素为：原始分数、导出分数以及对常模团体的有关具体描述。常模的作用是让人们明白测验结果分数的意义。

原始分数是指被试者的反应与标准答案相比较而获得的测验分数。原始分数本身没有多大意义，必须有一个参照标准才行，在心理测验中，这种标准是由原始分数构成的分布转换而来的分数，叫导出分数。导出分数具有一定的对照点和单位，它实际上是一个有意义的测验量表，它与原始分数等值，可以进行比较。

测验者在测评系统中完成测验以后，可以得到总分和各个维度的分数，但原始分数意义不明确，比如心理承受能力和意志力两个维度都是得3分，这两个3分之间有区别吗？3分是高还是低呢？

原始分数意义不明确，直观上回答不了这个问题，但知道了常模分数，可以借助常模的平均分和标准差来进行说明和比较，把原始分数转换成导出分数，借助正态分布曲线下面积和概率的关系，能在人群中找到自己的位置，这样就可以把自己与他人进行客观比较，虽然心理承受能力和意志力维度得分都是3分，但意志力明显比心理承受能力更突出。

比如某位35岁男性员工做了一套测评问卷，心理承受能力维度上得到的分数为3分，在意志力维度上得到的分数是3分，在侥幸心理维度上得到的分数是3分，在麻痹心理维度上得分为3分，在冒险心理维度上得分为3分，在紧张心理维度上得分为2分，在倦怠心理维度上得分为2分，在应对方式维度上得分为3分，在情绪稳定性维度上得分为3分，则该名员工原始分数以及导出分数如表6-3所示。

表6-3 某员工原始分数及导出分数表

| 维度 | 常模分数（男性） | | 员工A（男性） | |
|---|---|---|---|---|
| | 平均分 | 标准差 | 原始分数 | 导出分数 |
| 心理承受能力☆ | 2.69 | 0.795 | 3 | 0.39 |
| 意志力☆ | 2.19 | 0.59 | 3 | 1.37 |
| 侥幸心理★ | 1.86 | 0.56 | 3 | 2.03 |
| 麻痹心理★ | 1.58 | 0.61 | 3 | 2.33 |
| 冒险心理★ | 2.01 | 0.96 | 3 | 1.03 |
| 紧张心理★ | 2.17 | 0.53 | 2 | 1.57 |
| 倦怠心理★ | 2.13 | 0.66 | 2 | -0.13 |
| 应对方式☆ | 2.14 | 0.51 | 3 | 1.69 |
| 情绪稳定性☆ | 2.89 | 0.7 | 3 | 0.16 |

注：★表示分数越高越接近预警线，分数越低越安全；☆表明分数越高越安全，分数越低越接近预警线。

根据表6-3我们可以得出以下关于该员工的评价：一方面，可以清楚明确地看到该员工一些好的方面，员工A的倦怠心理分数低于男性员工平均分，表明A与一般男性员工相比更不容易产生倦怠心理；A的情绪稳定性分数也比男性员工平均分高，表明A与一般男性员工相比情绪更稳定；A的应对方式高于男性员工平均分，表明A应对能力要好于一般男性；A的意志力分数高于男性员工平均分，表明A的意志力比一般男性员工要坚定；A的心理承受能力分数比男性平均分数要高，表明A的心理承受能力要好于一般男性。另一方面，可以看到该员工不太好的方面，A在侥幸心理、麻痹心理，冒险心理和紧张心理显著高于男性员工平均分，具体而言，A的侥幸心理和麻痹心理要至少高于97.5%的员工，A的冒险心理和紧张心理要至少高于84%的员工。

对某电力行业的员工进行大规模施测，得到大样本常模分数，目前已经完成这个施测工作，具体内容可参考研究成果概述部分。

（2）安全人边界。

1）安全人边界确定方法。我们通过对多年来从来没有发生过安全事故的优秀班组、操作零失误的优秀先进安全个人，进行安全心理相关维度的量化调查，结合访谈的性质的结果，确定安全人胜任力模型，在胜利力模型基础上寻找两条边界，一条是合格安全人的边界线，即达到这条线的员工才算是合格的，另一条是优秀的安全人的边界线，即达到这条线的员工就是在安全方面表现比较优秀的员工。

方法一：根据大样本常模确定理论上的安全人边界。

根据大样本常模和常模分数，可确定安全人边界。大样本常模可以得到一个近似正态分布的分数分布，可以算出平均数和标准差，高于平均数一个标准差的分数可以看作是合格安全人应达到的水平，高于平均数两个标准差可看作是理论上优秀安全人应该达到的水平。

接着上面的例子，用表 6－4 展示一位 35 岁的男性员工要作为合格安全人和优秀安全人应该在测评系统上的得分情况。

**表 6－4　某 35 岁男性员工测评得分表**

| 维度 | 常模分数（男性） | | 合格安全人分数线 | 优秀安全人分数线 |
|---|---|---|---|---|
| | 平均分 | 标准差 | | |
| 心理承受能力☆ | 2.69 | 0.795 | 3.49 | 4.49 |
| 意志力☆ | 2.19 | 0.59 | 2.78 | 3.37 |
| 侥幸心理★ | 1.86 | 0.56 | 1.3 | 0.74 |
| 麻痹心理★ | 1.58 | 0.61 | 0.97 | 0.36 |
| 冒险心理★ | 2.01 | 0.96 | 1.05 | 0.09 |
| 紧张心理★ | 2.17 | 0.53 | 1.64 | 1.11 |
| 倦怠心理★ | 2.13 | 0.66 | 1.47 | 0.81 |
| 应对方式☆ | 2.14 | 0.51 | 2.65 | 3.16 |
| 情绪稳定性☆ | 2.89 | 0.7 | 3.59 | 4.29 |

注：★表示分数越高越接近预警线，分数越低越安全；☆表明分数越高越安全，分数越低越接近预警线。

合格安全人分数线对应的雷达图如图 6－17 所示。

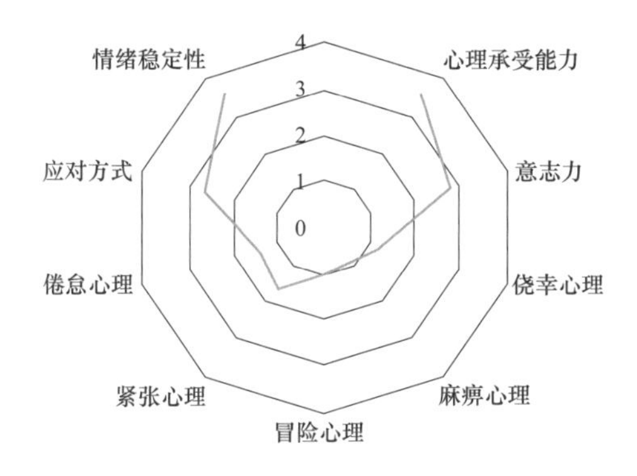


图 6－17　合格安全人分数线对应的雷达图（方法一）

优秀安全人分数线对应的雷达图如图 6－18 所示。

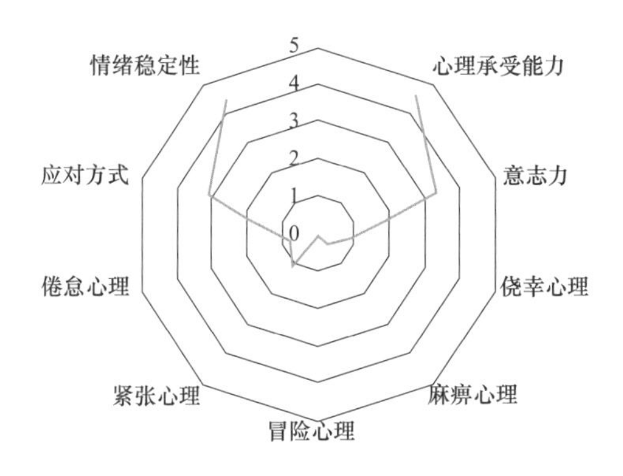


图 6－18　优秀安全人分数线对应的雷达图（方法一）

方法二：根据劳模安全人施测的结果确定实际上的优秀安全人边界。

实际优秀安全人的水平可以由小样本即劳模安全人施测的结果得到，即直接对多年来从来没有发生过安全事故的优秀班组、操作零失误的先进安全人，进行安全心理相关维度的量化调查，得到的各个维度的数值，数理统计结果即为优秀安全人的边界，其本质上是对优秀员工安全相关心理维度的数理统计。

通过对施测结果进行数理结果统计，可以得到一个如表 6－5 所示的优秀安全人边界具体数值，可以以此作为评价员工应该达到的优秀安全人标准。

**表6-5 优秀安全人分数线**

| 维度 | 优秀安全人分数线 |
| --- | --- |
| 心理承受能力☆ | 3 |
| 意志力☆ | 3 |
| 侥幸心理★ | 0.5 |
| 麻痹心理★ | 0.3 |
| 冒险心理★ | 0.2 |
| 紧张心理★ | 0.5 |
| 倦怠心理★ | 0.5 |
| 应对方式☆ | 3 |
| 情绪稳定性☆ | 3 |

注：★表示分数越高越接近预警线，分数越低越安全；☆表明分数越高越安全，分数越低越接近预警线。

优秀安全人分数线对应的雷达图如图6-19所示。

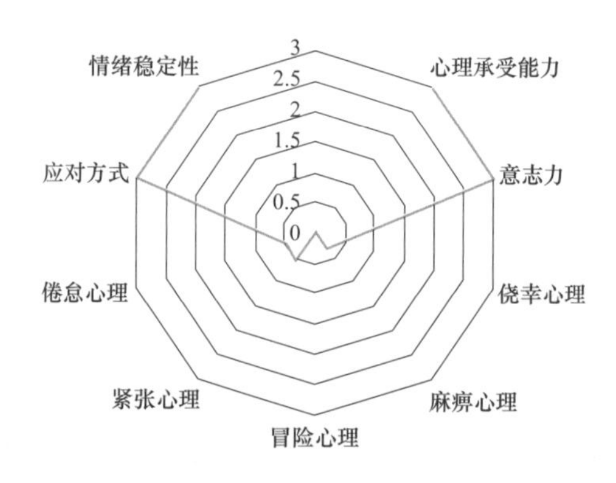


图6-19 优秀安全人分数线对应的雷达图（方法二）

方法二和方法一得到的优秀安全人边界具体数值可能有些差距，这其中的差距也值得探究。比如，按照正态分布推断出理论上心理承受能力维度上优秀安全人边界数值应该为4.5，而实际上，对优秀安全生产班组和安全先进个人进行施测，测出来的结果实际上只有3，表明可能是测验的问题，测验题目没有很好地区分个体水平，或者可能是优秀安全人的心理承受能力还有待提升的空间，通过适当的培训，这方面的素质能更突出，同时提醒这些优秀安全个人和优秀安全班组，任何时候都不要放松警惕，过去的每一次都能化险为夷，不代表可以高枕无忧。

2）安全人边界的应用价值。第一，对个体而言，可以帮助个体清楚地认识自己的优势和不足，更好地成长。在确定安全人边界之后，可以对全体员工进行施测，针对每个个体出一份检测报告，员工和管理者可以非常直观地看到，受测员工与安全人边界之间的距离有多远，具体是哪些方面需要提升。例如员工拿到自己的检测报告，发现自己冒险心理远远高于一般人的水平，在下一次上工要做决策时，反思自己的想法是否合理，是否存在冒险心理，是否比他人激进了一些。同时可以观察那些在此维度分数达到优秀水平的个体是如何进行思考和有哪些突出表现。

第二，对管理者而言，可以通过分析全体员工测试报告，从量化角度直观地确定员工不同安全胜任力等级，从而有针对性地开发培训课程，花更少的人力物力进行有针对性的培训，得到更高收益。如管理者发现一些一线员工具有较高水平的侥幸心理，可以通过培训纠正这些员工内心不合理的信念，当发现另一些员工具有较高水平的紧张心理时，可以通过合适的培训课程，帮助员工克服紧张心理。

第三，对企业而言，通过安全人边界在招聘时筛选合格的安全人，在培训时提高员工的安全胜任力，在工作分配时根据不同岗位需要的素质调配合适人员，在制定岗位晋升标准时提供标准量化依据，在评优评先时设定门槛等等，不仅能最大限度地减少人因事故发生的可能性，而且能调动员工安全生产、参加安全培训学习相关知识完成自我成长的动机。

# 第七章
CHAPTER SEVEN

# 基于电力安全心理实际的可操作建议

## 7.1

## 心理评估对电力安全的指导建议

通过本次对电力员工安全心理素质深度评估的结果分析，可以看出，一些员工在生理、心理及环境适应方面确实存在一些不良的因素，有导致事故发生的可能。本研究针对这些问题，同时结合评估中员工的反馈意见及电力行业实际情况，提出了电力员工心理调控对策及建议，具体包括国家政策、企业组织、企业管理以及员工发展四个层面。

### 7.1.1 国家政策方针

（一）完善安全生产方针政策。安全生产法律体系是指我国全部现行的、不同的安全生产法律规范形成的有机联系的统一整体。应不断完善电力安全生产政策法规体系和标准规范体系；指导地方电力管理等有关部门加强电力安全生产管理相关工作。按照“管行业必须管安全、管业务必须管安全、管生产经营必须管安全”的原则，地方各级政府电力管理等有关部门按照国家法律法规及有关规定，履行地方电力安全管理责任，将安全生产工作作为行业管理的重要内容，督促指导电力企业落实安全生产主体责任，加强电力安全生产管理。

（二）完善安全监管体制。牢固树立安全发展、科学发展理念，加强电力安全监管体系建设，逐步理顺电力行业跨区域监管体制，明确行业监管、区域监管与地方监管职责，鼓励有条件的地区先行先试。地方各级政府电力管理等有关部门积极协助配合国家能源局及其派出能源监管机构，构建上下联动、相互支撑、无缝对接的电力安全监管体系。从国家层面督促建立健全安全生产责任制，加强检查力度和监察频率，提高安全监督人员的整体工作水平，建立形成以政府为中心、党委高度重视、依法治国、社会监督的综合检查制度。

### 7.1.2 企业组织文化

从某种程度上来说，员工对生产安全的感知就是对组织文化及组织规范的感知，信任与尊重方面的人际关系、领导行为、组织支持等组织情境因素对员工心理安全影响很大，所以营造良好的组织环境对员工的心理安全十分必要，具体可以从以下几个方面入手。

（一）推进安全文化建设

本次心理评估中，许多员工都表明安全学习和安全培训是有用的，能在一定程度上防范安全事故的发生，可见对于电力企业来说安全文化建设是十分必要的。安全文化是安全生产“五要素”（国家安全生产监督管理总局提出的安全生产“五要素”为安全文化、安全法制、安全责任、安全科技、安全投入）之首，是消除不安全行为锐利的文化“武器”。企业安全文化是安全价值观和安全行为规范的总和，是企业为实现既定的安全目标，在不断总结安全生产管理经验教训的基础上，形成的体现电力从业人员对安全生产工作的价值观念、理想信念、思维方式、精神风貌、行为规范以及对传统习惯有所“扬弃”的一种共识的文化氛围。它是一个无形的力场，制约规范着人们对安全的态度和采取的行为方式。针对安全心理测评情况，立足于电力行业实际，以创新的思路、开放的思维和创新的精神，开展企业文化建设，寓教于乐，创造良好的企业文化氛围。增加企业文化硬件设施建设，积极开展形式多样的企业文化建设活动。提高企业文化层次，开展健康向上的文化体育活动，创造良好的文化氛围，激发职工的工作热情，增强企业凝聚力和向心力。只有尊重人的本性、心理活动规律及行为表现特点，才能取得预期的安全文化建设效果。

（二）运用心理定势

人的心理活动具有定势规律，前面较强烈的心理活动对于随后进行的心理活动的反应内容及反应趋势有明显影响，这尤其对新员工的培养有明显的作用。组织提倡什么，反对什么，公司所标榜的干部、员工是什么样，公司成员应该具备什么样的思想及作风，公司提倡什么样的安全规范、习惯及观念等。可以通过教育培训、安全生产知识考核，甚至是集体活动，使员工在这些基本问题上形成利于公司的心理定势，对其今后的行为发挥重要的指导和制约作用。

（1）重视心理强化。所谓强化是指通过对一种行为的肯定或否定（奖励或惩罚），使该行为得到重复或抑制的过程。促使人的行为再次发生的称为正强化，抑制人的行为重复发生的称为负强化。这种心理机制运用到安全文化建设上，就是要及时表扬或奖励与安全文化相一致的思想和行为，及时批评或惩罚与安全文化相背离的思想和行为，使物质奖励或惩罚尽量成为企业安全文化精神的载体，使企业安全文化精神变成可见的、可感的现实因素。

（2）利用从众心理。在企业安全文化建设中，企业管理者应运用舆论工具，大力宣传企业安全文化，主动利用从众心理，促成企业员工行为上的一致。一旦这种行为一致的局面初步形成，对个别后进成员就构成一种心理压力，促使他们改变初衷，与大多数成员一致，进而实现企业安全文化建设良性循环。

（3）培养认同心理。认同是指个体将自己和另一个对象视为等同，引为同类，从而产生彼此密不可分的整体性感觉。个体对他人、群体、组织的认同，使个体与这些对象融为一体，休戚与共。为了建设优良的企业安全文化，组织主要负责人取得全体成员的认同是十分必要的。员工对组织主要负责人的认同感一旦产生，就会心甘情愿地把其所倡导的价值观念、行为规范，当作自己的价值观念、行为规范，从而形成组织负责人所期望的企业安全文化。

（4）激发模仿心理。模仿指个人受到社会刺激后而引起的一种按照别人行为的相似方式行动的倾向，它是社会生活中的一种常见的人际互动现象，模仿是形成良好企业安全文化的一个重要心理机制。企业中的英雄人物、模范人物，特别是组织的主要负责人，理所当然地应该成为企业安全文化的人格化代表。组织成员对他们由钦佩、爱戴到模仿的过程，也就是对企业安全文化的认同和实践的过程。为此应该大力表彰劳动模范、先进工作者、安全标兵、优秀共产党员，使他们的先进事迹深入人心，在组织内掀起学先进、赶先进、超先进的热潮，这是企业安全文化建设的重要途径。当然，树标兵应实事求是，否则将适得其反。

### （三）积极引入 EAP 服务体系

员工帮助计划（Employee Assistance Program，简称 EAP）是由组织（如企业、政府部门、军队等）为其成员设置的一套系统的、长期的援助和福利计划。它通过专业的工作人员对组织进行诊断、建议和对组织成员及其家属的专业指导、培训和咨询，帮助解决其成员及其家属的心理和行为问题，以此来维护其成员的心理健康，提高成员的工作绩效，改善组织的管理和形象，从而建立良好的组织环境氛围。针对企业员工中存在的精神状态持续不佳，情绪不稳定，心理悲观，缺乏意志力等不良心理状态，心理教育疏导十分必要。实践证明，员工帮助计划是一种有效解决员工心理健康问题，避免事故与危机，实现个人与组织共同发展的有效途径。要想有效实施 EAP 服务体系，可以从以下几方面行动。

（1）领导转变观念，重视企业的健康组织建设，其核心就是从加强企业核心竞争力和稳定发展的角度，重视 EAP。加强企业的人力资源开发，从战略的角度考虑员工心理援助计划和组织发展问题，同时要掌握科学的人力资源开发的理论和方法。

（2）管理者要掌握一定的心理学知识，从心理学理论的角度认识人、激励人、发展人。建立和谐、民主的领导员工关系，处理好因变革带来的冲突问题，预防和化解各种矛盾，提高相互信任度。倡导变革型领导行为，营造献身企业的组织公民行为。掌握科学的 EAP 的理论、手段和开发技术，建立学习型、健康型企业，增强企业核心竞争力。

（3）应坚持员工的主体地位，尊重员工、理解员工、关心员工需求。同时，强化“参与”职能，充分发挥职代会职能，坚持和完善以职工代表大会为基础的民主管理、民主监督制度。为员工提供更多参与决策的机会，特别是关系到员工工作生活的决策，更应充分听取员工的想法，畅通诉求渠道，消除员工负面情绪，以进一步满足员工的需求。从而避免员工工作控制感下降，缓解员工工作压力，促进EAP的有效实施。

（4）根据前期完善后的题库，定期进行自评和他评是提高员工安全意识的重要步骤，督促员工注意安全。在题目设置上，首先，题目阐述简单明了，题型以生动形象的情景题居多，能适当降低员工对问卷的厌恶度；其次，每次施测的题量都是从系统中抽取的少量题目，且与该员工的岗位相匹配，能提高评测的针对性。在施测频率上，以不干扰员工正常施工为原则，自评的施测频率初定于每次去现场工作之前，他评半月或一月进行一次，具体情况可根据后期反馈改善。在施测结果上，能在几分钟内以客观的分数测出该施测员工的状况是否适合上工，具有实用价值。员工施测的结果根据系统汇总，可以很快得出不同地市公司的安全意识整体情况，简单明了。

（5）建立健全员工心理健康咨询干预机制。一方面，通过不断宣传普及员工心理健康知识，提高对员工心理健康重要性的认识。另一方面，成立员工心理健康咨询和诊断机构，实施心理干预，以有效缓解和消除员工心理压力。公司内部可通过座谈会、恳谈会或者谈心等方式了解员工心理动态，并利用工会为职工做心理问题的干预和疏导，从而实现员工的心理和谐与心理健康。

（四）改进装备和工作环境

改进装备和工作环境在本次访谈中被多名员工提及，管理、装备、培训三者并重也是我国电力行业安全生产长期实践经验的总结。装备作为生产建设的必要“武器”，在安全生产中发挥着尤为重要的作用。先进的技术装备不但能带动产生较高的生产效率，同时能够创造良好、安全的作业环境，防止和避免一些人为事故的发生。

（1）提高电力装备安全水平。

应贯彻“科技兴安”战略，着眼于建立安全生产技术保障体系。在人机系统中，人的可靠性与机器相比要低得多，操作者常常是控制系统中最不准确的成分。因此，缩小人的操作误差比缩小有准确性的机器部件的误差更为有效并具有关键意义。如果能根据工程心理学原则对显示装置和控制装置进行符合人的特点的设计，并对生产设备进行科学有效的安全防护，就可以大大减少人的失误及发生事故的可能性。

（2）提升现场安全环境。

由于电力行业的自身特点，外部环境对电力生产作业有着很大的影响，环境安全已经成为生产安全的重要保障。电力生产，常常要面对恶劣的自然环境，不良的照明条件和空气质量，过高或过低的环境温度，这都可能成为员工不安全心理的诱因，以及事故的导火索。员工在恶劣的环境条件下工作，会产生厌烦、恐惧和疲劳等心理上的不良影响，导致注意力分散，影响生产情绪。同时会引起生理上的病变和损害，如食欲衰退、全身困倦、头痛、失眠、视觉发生障碍、听觉衰退等，从而容易引起误操作等事故发生。

在这种情况下，成功地推行“6S”管理模式，是一种有效的现场管理理念和方法。实施“6S”管理模式，通过对四E（每个人、每件事、每一天、每一处）行为的规范，实行全员控制、生产全过程控制和重点人员控制，可以提高工作效率，保证工作质量，使工作环境整洁有序，预防为主，保证安全。

此外，为了避免由于作业环境问题引起的不安全心理因素，企业可以从改善个人防护用品，减少不良环境接触时间，提高危害环境作业职工福利待遇等方式采取具体措施。

（五）企业管理

本次心理评估中，员工反馈最多的意见就是关于工资待遇与付出不成正比，导致工作积极性不高。无可置疑，工作环境的差异、管理方法上的“苛刻”、劳动付出与工资待遇的差别等等，都可能会导致员工的心理失衡，以致诱发员工产生不良心理，从而给企业安全生产管理工作带来了一些“不安全心理因素”。如果企业的管理水平高、技术装备精、劳动组织和环境舒适、员工待遇好就会使员工对本岗位产生兴趣和热情，激发员工对工作的热爱，对事业的信心，工作起来就舒心从而增加安全责任感，这对严格执行安全操作规程和各项规章制度，提高工作效率有很大的激励和推动作用。

（1）合理配置人力资源。

“知人善用”是企业合理调度人力资源，实施劳动人事管理的一个重要原则。因此，企业的人事劳资部门在分配员工工种时，组织部门安排领导干部管理岗位时，生产管理者在下达生产任务时，安全监督管理部门在分析和处理各类生产事故时，就应当考虑到个人思想素质、性格特点、心理状态、技能特长及周围环境的影响，做到恰如其分、各得其所。对于一些特殊的工种或岗位，应该利用安全心理学中对员工精神状态、性格、气质等个性心理特征的研究成果，进行合理的工种安排和工作上的指导。

合理选用生产人员，应以保证安全和发挥个体主观能动性为基本点。在考虑工作组人员的搭配上，为使团队行为安全协调，要研究人员结构效应。比如需要考虑工作组成员中人员气质互补、性格互补、体能互补、生产技术互补、价值倾向搭配等。对重要设备的操作或复杂的作业，应注意尽可能地选派那些理智型、平衡型，要求反应灵敏、适应性强、精力充沛、善于思考、工作细致、行动准确、责任心强的人来操作和作业。综上所述，只有充分掌握员工的性格特点、心理状态，并合理地调整、调度人力资源，科学地管理，才能提高工作效率，企业才能获得最大的经济效益，同时，也会降低人为因素造成的各种事故的发生概率。

（2）加强员工的安全教育。

安全教育要有针对性。在安全教育时，结合员工所从事的生产岗位和个性心理特征，采用关爱的话语和典型事故案例的讲解，会在员工心灵深处起到潜移默化的作用，让注意安全成为员工作业行为自觉的约束力，使其构筑起坚固的安全心理防线。例如，在安全教育的课堂上，要根据员工的岗位、文化程度、性格特征、气质类型等，科学安排课堂内容和结构，力求贴近生产实际、生动感人，应注意进行情感交流。对于家庭不和睦、工作不顺心的员工，通过开展心理疏导工作，让员工在企业有一种家的感觉。了解员工的家庭生活及个人嗜好、信念、动机等，与员工建立一种良好的信任关系，讲不安全问题或事故教训时，重点应放在分析后果上，这种寓意深刻的说教方式，有助于增强安全教育的效果。

安全教育要因势利导，形式多样。从心理学上分析，人的心理接受外部刺激有它自己的限度，如果刺激适当，心理效应最好，如果刺激超过了限度，其效果反而下降。所以，一方面，在进行安全教育和制度制定上，应该分开层次，由于员工的文化水平、技术熟练程度、承担工作任务的轻重、特别是心理特征各不相同，所以教育要有针对性，才能提高其效果；另一方面，在制定利益分配政策上，要与安全挂钩，明确利益与安全的关系。此外，在教育形式上，不能采取单一灌输形式，而应采用电化教育、典型教育、群众教育、家庭教育等一系列教育方法，使安全意识充满在员工的学习、生活、娱乐、休息等各个方面，以增强安全教育的效果。同时，反复是增强心理引导、心理刺激的一种重要而有效的手段，在安全教育中应时刻加以运用。但又必须懂得，人们普遍存在逆反、厌旧喜新的心理，因而应时时研究安全教育所给予员工心理刺激的强度，特别是注意安全教育的新颖性。为此，要不断研究新情况，探讨新形式，采用新方法，以增强心理吸引力，从而达到安全教育的目的。

结合实际，开展特色安全教育。要结合电力行业实际，推广开展“差异化”培训工作。大力开展员工岗位练兵、技能比武大赛活动。通过开展冲锋舟、电缆头制作及故障查找等培训，并开展状态检修测试、输电线路、变电运行、配网检修技能等竞赛，提高人员技能水平，助推人才素质提升。还可通过推行“基础理论自觉学、基本操作跟踪学、疑难问题讲解学和整体提高比武学”的学习模式，着力提高员工技能水平，实现员工“我会安全”和“我能安全”。

总之，安全管理者应及时敏锐地察觉到员工中的各种不安全的心理因素，有的放矢地，有理有据地对员工强化安全教育，切实地做到把一切不安全因素消灭在萌芽状态之中。

### 7.1.3 员工个人发展

在目前的电网工作中，仍有大量的工作需要人力来完成，有的人不按照相关要求与规定制度来操作，经常会有人为的操作失误，加上安全意识的缺失，致使电力系统中存在很大的主观隐患。对此，电网工作人员应该努力丰富相关的电网安全知识，从知识层面武装自己。同时提高安全意识，在日常工作中时刻保持警惕。最后培养良好的心理素质，提升自己的综合素质技能。

（一）丰富相关知识

在电网运行工作中，隐患高发的关键点主要有以下几个。

（1）命令下达过程出现偏差、失准。

（2）交接班工作中对于一些安全隐患交代不明确，甚至未交代，导致已经发现的安全隐患没能及时处理。

（3）由于工作人员本身的职业技能存在问题，经验不足加上主观不重视导致隐患被忽视，或者隐患交接不明确。对此，电网工作人员应该保持学习的积极性，在企业培训和日常生活中认真学习相关知识，避开知识盲区。在实际工作的过程中，必须秉持认真严谨的工作态度，对电网系统故障进行全面的监控，一旦发现问题，要及时上报，争取在短时间内完成故障分析处理。电网工作人员应该做到充分地认识自身工作的重要性以及自身肩负的重要责任，认真严谨地对待自身的工作，并尽职尽责地完成。

（二）提高心态调整能力，培养良好的心理素质

对于员工个人来说，需要学会如何自我调适。部分员工反映，做工作最重要的是静得下心，耐得住寂寞。每天接触同样的设备，做重复的事情是很枯燥的，产生倦怠心理很正常，这种情况需要员工个人去调整心态，认识到公司制定的上班模式是不可改变的，养成“上班就投入，下班就抽离”的能力，不因不想做就放下责任的重担，而是在坚守自己的责任的同时让自己像弹簧一样坚持得更久更成功。学会放松自己的方法和心态调整方法可以从生活经验出发，也可以从其他员工的经验中得来，还可以从参加过的心理健康活动中获益，让幸福生活掌握在自己手中。

电网职工自身要增强和提高心理健康的意识与能力。电网职工作为成年人，特别是一些年轻的电网职工，还拥有较高的文化程度和受教育经历，自身在心理、人格方面都具有一定程度的成熟度和自我心理问题解决能力，如果自身能够主动有意识地了解心理知识，就会取得很好的效果。考虑到知识结构，大部分出身理工科的电网职工自身对心理健康方面的问题和知识关注度较低，因此很有必要学习心理健康的知识，培养出良好的心理素质，提高对心理健康问题的自我预防和自我治疗能力。

（三） 清楚自身定位， 树立明确目标

对于员工个人来说，知道自己以后的前进方向就会有更大的前进动力。所以要首先分析自己的优势以及劣势所在，首先对自己的个人发展负责，为自己找准一条合理的发展路径。

不同员工的转岗时间不一样，作为员工个人必须对自己的职业生涯有所规划，使得自己不在繁重的工作中迷失自己的方向。有目标有方向地去工作同样也是提高工作效率的好方法之一。

（四） 人人参与创造安全工作氛围

集体的氛围是由大家共同创造的。小到班组，大到公司都是由许多个体构成的，每个个体的素质和形象就决定了整个集体的素质和形象。人人都参与创建安全班组，需要做到在做好自身工作的同时，在安全方面相互提醒、相互监督，只有这样整个班组的安全意识才能提高，个体才能在集体中有更大的成就。

## 电力安全心理评估运用

### 7.2.1 人资考核层面

心理测评在人力资源方面尤为重要，测评工具是实现人与岗匹配的重要手段，组织不同层级、不同类型的岗位对员工知识水平、技能、素质要求的侧重是不同的。因此，应根据组织需求适当运用有效的测试方法和技术，测评工具既可以单独使用，也可以组合使用，以便科学正确地评价和甄选应聘者。在电力企业人才招聘过程中，应在做好岗位分析工作的基础上，分析和提炼具体岗位的胜任特征与安全模型，选择有针对性，且信效度较高的心理测评工具；同时心理测评工具与测评方式应灵活多样，除采用专业心理测评量表外，也可以采用情景面试、角色扮演、小组讨论等方式；为保证心理测评结果的真实性和有效性，应选择心理测评方面的专业人才负责招聘过程中的心理测评工作实施。招聘人员既需要具有丰富的招聘经验，又不能仅凭自己的主观判断去选择，作为招聘官应科学熟练地运用好测评工具，规范化、精细化、公平化，为组织选对人。因此，组织也应重视专业招聘人员的培养，加强其专业素质和人格修养的全面提高。作为人才招聘中不可或缺的环节，企业招聘者应高度重视心理测评的作用，通过充分地利用心理测评，提升人才招聘的专业性与有效性。

员工与岗位、与组织的匹配是动态的过程，招聘阶段应聘者符合了岗位要求，不代表实现了人与岗位的完美匹配，有可能仅仅是能力上的基本匹配，个性、目标价值观、工作态度等方面的匹配还有待进入岗位和组织后进一步观察和磨合。组织为了留住人才、增强员工稳定性、提高工作绩效，需要对新进员工进行系统的培训与开发，定期对员工进行有针对性的心理评估，根据其动态状况，提供有针对性的心理辅导与专业培训，实现员工与岗位的动态匹配。

### 7.2.2 本质安全能力

从近些年的电力事故发生的原因来分析，可以知道，事故发生的大多数原因不在于电力的技术水平低，而在于人为的素质原因。人为的素质原因表现在不按照相应的规章制度执行操作，甚至出现严重的违章、违反操作规范的情况。因此，为提高电力工作人员的自身素质，就要开展多种形式的安全教育培训工作。通过对员工的各自岗位的特点进行分析，明确培训的内容。比如，针对电力公司的管理人员，加强对其在安全生产的管理制度、事故的处理和赔偿以及安全管理学等方面内容的培训。对于负责监查安全的人员来说，加强其在安全管理手段、安全生产的操作规范以及安全生产的标准等方面内容的培训。对于从事电力工作的操作人员来说，加强其对安全生产的技术规范、安全操作的技巧方法以及劳动纪律等方面内容的培训。同时这些培训内容只依靠说教是远远无法达到的，必须结合实践活动才能达到更好的效果。因此相关电力系统部门要在教育课程开始之前创建合理的教学模式，将工作和教育高效地结合在一起，实现“在做中学、在学中做”。而相关培训也应具有针对性，根据定期的心理测评结果，分析员工动态心理状态与困惑苦恼，有针对性地组织趣味性和有效性强的专业培训课程，突出风险意识，紧紧围绕现场作业中的安全风险和操作难点来培训，让员工清楚地知道不按标准做会有什么风险、带来什么后果，使每一名员工都知风险、会操作、能保安。并通过培训后的相关心理测评，对培训课程的有效性进行评估。

### 7.2.3 事前风险预防

在事故预防工作中，应努力做好员工个人的安全教育，及时辨识与防止安全事故。应根据心理测评结果发现需要关注和帮助的员工，及时对其进行专业心理辅导，共同寻求解决其客观问题的方式方法，帮助其寻找合理渠道解决生活问题，以良好的身心状态进入工作。根据心理测评结果，有针对性地发现和提高整个班组的心理状态，培养重视安全生产的班组氛围，预防事故发生。

### 7.2.4 事后事故安抚

创伤后应激障碍（PTSD）是暴露于心理创伤性事件后产生的以闪回、回避和过度警觉为主要特征的综合征，是一种创伤后心理失衡状态。创伤后应激障碍的心理反应主要有做噩梦和头脑中不时记忆闪回、睡眠困难、疼痛综合征、负疚心理、与人分离和疏远、心理木僵状态、自残行为、灾后情绪性犯罪等，有研究表明 PTSD 患者的自杀发生率为 19%。

相比自然灾害造成的创伤后应激障碍，企业事故创伤后应激障碍有其自身特点。除了具有其他灾难后的不良心理反应外，还有对企业和同事造成的经济损失产生的严重自责内疚心理，以及因其重要社会和家庭角色而对身体损伤的过分担忧等不良心理反应。在事故发生后，除了对当事员工进行创伤干预与康复处理外，也应对事故发生班组其他员工进行有效的心理干预与处理。

在事故发生后心理咨询师要及早介入，避免事故早期只关注身体损伤而忽视了伤者心灵的孤单和痛苦。大量实践证明，在事故发生早期是受伤者最需要心灵关怀的时段，如错过这个时期会造成人格改变、抑郁症等严重后果。在将要进行心理干预时，首先要对受伤人员进行专业评估，然后根据其内心创伤的性质和严重程度制定适当干预计划和采取不同的干预方法。干预后也可以运用专业心理评估对干预效果进行有效评估，指导后续干预。

# 第八章

CHAPTER EIGHT

# 电力安全心理评估展望

## 8.1 电力行业内的进一步推广与细分

安全生产是国家的生产最基本的要求，是保护劳动者的安全、健康和国家财产，促进社会生产力发展的基本保证，也是保证社会主义经济发展，进一步实行改革开放的基本条件。安全生产对于国家和企业都至关重要，我们可以根据不同工种、不同岗位的工作特征构建针对性强，专业、有效的安全心理评估指标体系，降低安全事故发生率，提高行业安全。

作为国民经济和社会发展的基础性产业的电力工业，具有设备投入价值高、技术含量高、自动化程度高、系统性强、安全风险大、人力资源素质要求高等特征，同时根据行业生产和各个岗位的工作特点，电力系统的工作人员都有各自的职责，总体来说，电力技术人员的工作主要是监督控制发电站的设施和发电站的指标，监督测量电力系统的操作问题；调整电力控制器确保电力系统能够正常地产生电力，调整变电站与发电站之间电力的流量；通过电路的控制板或者是其他的自动化设施控制电力的发电设备；按照电力仪器的数据或者计算机达到规范电力设备的操作目的；电力单位的设计人员基于仪表、图表以及量具读出来的数据，再按照规定标准的时间间隔，定期地采取行动，确保电力系统能够正常的运行；有的时候，停止或者启动电力系统的辅助抽水设施、发电机、涡轮机以及电力系统的其他设备；通过对电力设备运作情况的检查记录或者是技术人员的日志或者是电力单位工作人员之间的交流信息，来评估电力设备运行的情况；对电力的辅助设备进行定期的润滑、清洁以及维护和控制，防止电力设备发生故障或者出现老化问题；定期跟电力系统的操作人员进行沟通，协调并规范电力线路的电压与传输频率和传输的负载；加强对电压的管理，采取相关措施提升电能的质量，确保电压的合格率达到指标；认真贯彻和执行我国对电力生产有关指定的法律法规、政策和方针以及与电力企业相关生产的技术标准、规程和制度，从而在电力企业中建立生产技术的管理责任制。

电力技术人员的岗位职责如果想要得到很好的实施，对电力技术人员的岗位要严格要求。总体而言，对所有岗位的电力工作人员来说首先需要具备一定程度的专业水平与能力，并且对相应的岗位要具有一定的工作经验；其次，要熟悉与电力设备相关的操作程序、技术标准以及规章制度，通晓电力系统的相关知识和法律法规，熟练掌握机器设备的运行与维修的技能；同时也要具有很好的问题解决和分析判断的能力；最后，要具备很好的合作意识和协调沟通能力，具备良好的心理素质和身体素质，承受得起工作的压力和风险。只有提高了对电力技术人员的岗位要求，才能提高电力技术人员的工作水平，更好地为电力系统的正常运行发挥自身的职责。本次研究发现，被测员工的心理问题主要表现在以下六个方面。

一是生理耗竭，具体表现为身体的不适，职业病缠身；

二是心智枯竭，表现为空虚感明显、心力不足，自我评价下降；

三是情绪衰竭，表现为激情的丧失、情感资源的干涸，烦躁易怒，悲观沮丧，深感无助，或有极度的自尊和敏感，焦虑症、抑郁症和孤独症等；

四是价值枯竭，主要表现特征为工作的无意义、无价值感，工作效率低下，时常感觉到无法胜任，不再付出努力，离职倾向加剧甚至转行；

五是去人性化，主要表现特征为冷漠麻木、自闭、无同情心，从而导致人际关系恶化；

六是行为症状，主要表现在两个方面：一是对他人的攻击性行为加剧，人际摩擦增多，极端情况下会出现打骂行为；二是自残行为，极端的枯竭状态会使人出现自伤或自杀的行为等等。

我们可以根据电力公司员工心理问题的共性，进行统一且有针对性的辅导与帮助。如针对生理耗竭的情况安排定期的茶歇时间与定期身体检查，针对价值枯竭与情绪问题定期进行心理疏导等。

现代电力工业具体不同岗位存在不同特点和不同需求。除需具备有相应的职业知识与技能和爱岗敬业、严于律己、积极进取、勇于奉献、行动敏捷、做事果断、乐观坚定、终身学习意识与能力、良好的表达和沟通能力、良好的职业形象等共需的职业素养外，还应有其独特的个性特征与职业素养要求与能力。如要忠诚企业、具备较强的保密意识与保密能力，具备极强的安全意识和规范意识，要有很强的执行力，要想尽办法解决问题等；对不同岗位又有不同的具体要求，如对线路施工与维护相关岗位员工要求能吃苦耐劳、有耐力、有平衡力、有爆发力、有高空作业的能力、有团队意识等；对运行管理岗位的员工需具备注意广泛、专注持久、敏捷、胆大心细、精力好、耐得住寂寞等；对用电管理和服务岗位的员工要求具备细心、耐心、热情、诚信、平衡性好等特质与能力；对电力设备岗位的员工要求具备能吃苦耐劳、认真负责、严谨、细致等特征与能力。

为了能够促进电力行业人才资源优化配置，降低安全事故，我们可以根据分析和建立不同岗位的岗位特征模型，分析不同岗位所需员工的个人特征与能力特征。提高电力企业在人才招聘环节的有效性与准确性。同时，可以根据动态心理测评，了解不同岗位员工存在的特异性需求，并有针对性地对其进行辅导与帮助，从而提高员工工作幸福感，有效发现和控制工作倦怠，降低安全事故发生率。

## 8.2 电力行业安全生产的有效强心针

本次的心理评估与安全模型构造，通过对国网湖北省电力有限公司员工的安全心理相关维度的调查，结合访谈的质性分析的结果，制定出有针对性的安全测评量表，并且通过自评和他评的方式，有效地降低上工前的安全事故发生可能性。通过分析安全心理的影响因素，建立安全心理评估指标体系，有助于帮助电力生产组织更有效地进行人才招聘与员工管理；增强员工安全生产意识，及时预防安全事故的发生，降低事故发生率；对于已发生的安全事故，更妥善地对当事员工及其家人，以及当事员工所在班组进行安抚与处理。

## 8.3

## 国家安全生产要求与企业责任的切实落地

国家安全监管总局印发的《安全生产标准“十三五”发展规划》中指出，我国安全生产工作还存在标准体系有待进一步完善，标准宣传实施还需加强，标准工作机制有待完善，标准国际化程度有待提高等问题。安全心理模型的建立，有助于帮助更有针对性地进行安全生产宣传与管理，定期开展多种形式的心理测评，并根据测评结果有针对性地开展形式多样且趣味性强的安全生产培训，并根据员工特点与身心状态动态调整工作内容与岗位，在提高员工工作积极性，工作满意度以及安全生产意识的同时降低安全事故发生率，更好地实现国家安全生产要求，树立国有企业责任与形象。

# 第九章

CHAPTER NINE

# 电力安全心理测评样题解读

# 9.1

# 自评部分

## 9.1.1 心理承受力

如果我最近接二连三地遇到了一些不快，我会（　　）。

A. 一次比一次更烦闷，有时候甚至不想说话

B. 会去关注这些不愉快的事情但同时想到解决办法

C. 尽量克制自己不去将这些不愉快联系在一起，保证工作状态

样题解析：

心理承受力指个体对逆境引起的心理压力和负性情绪的承受与调节的能力，主要是对逆境的适应力、容忍力、耐力、战胜力的强弱。一定的心理承受能力是个体良好的心理素质的重要组成部分。

本题以如接二连三遇到不快等的描述，将受测员工置身于一个自身因不断受挫，负性情感逐步强化的情境之中。基于员工所选择的 A、B、C 三种不同的应对策略，可实现对其心理承受力状态的初步评估。选项 A，一次比一次更烦闷，有时候甚至不想说话。在面对接二连三的挫折时，该员工并未主动采取行动调节自身的负性情绪，相反倾向于暗自将情绪憋住，压抑自己的烦闷，甚至不想与人沟通。由此得出，选择 A 选项的员工，心理承受能力不足，易受情绪的干扰，且缺乏调节自己情绪的意识与能力；选项 B，会去关注这些不愉快的事情，但同时想到解决办法。在面对接二连三的挫折时，心理承受能力尚可，受情绪困扰同时寻找合适的处理办法；选项 C，克制自己不受情绪困扰，心理承受能力较强。

### 9.1.2　意志力

如果公司有如下的奖赏政策，一种是如果愿意积累功绩，可以在累计到一定数量的时候，兑换一个更好的奖励；另一种选择是一有功绩我就可以得到一个小奖赏，我会（　　）。

A. 我会选择长期积累最后换一个大奖，觉得自己能坚持那么久

B. 其实还是挺喜欢第二个选择的，每一次成功能获得一个奖励，能够激励自己的前行

C. 第二个选择最好，因为不用等太久，可以获得一种及时的满足

样题解析：

意志是有意识地支配、调节行为，通过克服困难，以实现预定目的的心理过程。意志具有引发行为的动机作用。意志行动中的动机冲突有四种：双趋式冲突、双避式冲突、趋避式冲突、多重趋避式冲突，题中提到一有功绩可以得到一个小奖赏，累计到一定数量的可以兑换一个更好的奖励，所以是双趋式冲突。

选项A在等待一个大奖的过程中，个体需要克服短时满足的诱惑和一定的心理障碍，所以意志力较强；B选项喜欢第二个选择，因为它能激励自己的前行，他的目的不在于获得即时满足，意志力一般；C选项认为第二个选择最好是为了获得一种及时的满足，意志力较差。

### 9.1.3　侥幸心理

有两种方法供我选择，一是60%效率，40%安全；二是40%效率，60%安全，我会（　　）。

A. 选第一种

B. 认为自己没有选择权力，都靠公司安排

C. 选第二种

样题解析：

侥幸心理，就是无视事物本身的性质，违背事物发展的本质规律，违

反那些为了维护事物发展而制定的规则，想根据自己的需要或者好恶来行事就能使事物按着自己的愿望发展，直至取得自己希望的结果。本题中 A 选项认为与自己的安全相比，更看重效率，侥幸心理较重；B 选项靠公司安排，对自己的安全不作为不负责，侥幸心理较重；C 选项更看重安全，专心做事，属于很谨慎的，侥幸心理较轻。

### 9.1.4 麻痹心理

当工友在工作中有轻微的违章行为，我会（　　）。

A. 立即制止他的违章行为，向他说明这样做的危险

B. 这一次就算了，免得影响同事的工作，以后要提醒他不要这么做了

C. 轻微的违章行为大家都会有的，不影响作业就行了，无所谓

样题解析：

麻痹心理是由于安全意识淡薄、疏忽大意或凭借以往没有出过事故的“经验”而产生主观上的过失或过错的一种心理。A 选项立即制止违章行为，说明警惕性很强，安全意识很高，是最合适的做法。B 选项这一次就算了，以后提醒他不要这么做了，有一定的警惕性，但安全意识不够高。C 选项警惕性和安全性严重不足。

### 9.1.5 冒险心理

正在进行危险工作时来电话了，我会（　　）。

A. 接电话，只要不影响工作

B. 看打电话的人是谁，可能会接

C. 不管是谁都不接

样题解析：

冒险心理指为了达到一定的目的，不顾危险地进行某种活动的情况。题中 A 选项接电话，而不顾自己的安全，冒险心理较重；B 选项视情况而定，冒险心理适中；C 选项自己不随意尝试，不管是谁都不接，冒险心理最轻。

### 9.1.6 紧张心理

上班高峰期地铁在进行全面安检，导致有大量乘客排队滞留，大家纷纷表示安检太耽误时间，如果我是负责人，我会（　　）。

A. 开辟出一条小包/无包乘客的快速通道来

B. 用喇叭安抚大家的情绪，让大家不要拥挤，保证人身安全

C. 不知道如何处理更好，征求上级的意见

样题解析：

紧张是个体在面对外部压力时表现出的不安、焦虑的状态。选项 A 迅速独立想出有效的解决办法，说明在压力环境下的紧张程度不高；B 选项没有想到有效的解决办法，但知道安抚乘客的心理，说明在压力环境下的紧张程度适中；C 选项完全不知道如何处理，说明在压力环境下的紧张程度较高。

### 9.1.7 倦怠心理

高强度的工作使我有些疲惫，这时我会（　　）。

A. 结合具体情况，与领导协商从而调整休息时间

B. 跟上级交流，表示自己需要减少作业量、请假休息，不然身体吃不消

C. 疲惫都是正常的，回家睡一觉可能就好了

样题解析：

倦怠指个体在压力下产生的身心疲劳与耗竭的状态。A 选项与领导协商从而调整休息时间，是视具体情况而定的，所以倦怠心理适中；B 选项要减少作业量、请假休息，是随心而定，倦怠心理有些重；C 选项认为工作疲劳是正常的，心态很轻松，说明倦怠心理较轻。

### 9.1.8 应对方式

最近如果工作和生活中我遇到了较多的困难，我想（　　）。

A. 正是这些困难给了我成长的机会

B. 困难是暂时的，挺过去就好了

C. 人谁没有个运气不好的时候呢，这阵过了就好了

样题解析：

应对方式指个体面对不可避免的各种压力情景时，采用什么样的方式来应对。A 选项认为正是这些困难给了我成长的机会，说明个体是以一种积极的态度来应对困难，应对方式较好。B 选项认为困难是挺过去的，说明个体是以一种较为消极的态度对待困难，但该选项也认为困难总会过去的，总的来说，应对方式一般；C 选项认为遇到困难是自己的运气不好，但该选项也认为这阵过了就好了，总的来说，应对方式一般。

### 9.1.9 规划

当施工进展比制定的项目计划延后时，我通常会感到焦虑（　　）。

A. 非常不符合

B. 比较不符合

C. 不确定

D. 比较符合

E. 非常符合

样题解析：

该题几个选项体现的情绪稳定性水平依次降低。

### 9.1.10 建设

班组在一起工作，如果发生了什么事故而主要责任不在于我，我的情绪可能会是（　　）。

A. 班组里的人都是同甘共苦的，出了问题我们一起承担

B. 我会非常同情那个造成事故的员工，为他感到焦急和忧心

C. 我很怕这样的事情发生在我的头上，虽然都是同事，但是责任分明也应该是我们的原则

样题解析：

A 选项除了共情，还要一起承担，情绪代入程度很深，说明情绪稳定性水平不高；B 选项有共情存在，急人之所及，情绪代入程度一般，说明情绪稳定性水平适中；C 选项认为责任应分明，谁犯错误谁承担不良后果，包括情绪困扰和处罚，情绪代入程度较低，说明情绪稳定性水平较高。

### 9.1.11 运行

在操作时，遇到从未遇到过、难以解决的紧急情况，我会（　　）。

A. 做一些必要的应急处理的同时找他人求助

B. 判断自己无法解决，离开现场去求助他人

C. 因为自己无法独立处理问题而感到慌张

样题解析：

A 选项在力所能及的范围内做些事情，同时寻找他人帮助，非常镇定，情绪稳定性水平较高；B 选项直接求助他人，未做应急处理，情绪稳定性水平一般；C 选项无法处理问题并且感到慌张，情绪稳定性水平较低。

### 9.1.12 检修

施工时，看到工友没有系好安全带，差点从杆子上摔下来，我会（　　）。

A. 确认一下自己的安全带，继续工作

B. 受到惊吓，赶紧把自己的安全带再紧一紧

C. 觉得惊慌失措，下杆子站在地上缓一缓

样题解析：

A 选项能在紧张情况下检查自己的安全带，之后还能继续工作，说明不受紧张心理的干扰，情绪稳定性水平较高；B 选项受到情绪干扰的程度较深——受到惊吓，情绪稳定性水平一般；C 选项受到情绪干扰的程度很深——惊慌失措，情绪稳定性水平较低。

### 9.1.13 营销

客户有时候会把怨气撒在我身上，我真的很无奈，有时候真想直接撒

手不管（　　）。

A. 非常不符合

B. 比较不符合

C. 不确定

D. 比较符合

E. 非常符合

样题解析：

该题几个选项体现的情绪稳定性水平依次降低。

### 9.1.14　调控

在上工前我会（　　）。

A. 把操作票仔细填写，在遇到困难的时候及时与同伴沟通，然后确认安全再做下一步

B. 认真研读操作票，严格按照各项规程进行，遇到困难自行思考解决

C. 具体步骤都严格按照操作票进行，如有问题，灵活地处理各项问题

样题解析：

A 选项没有认真研读操作票，与同伴沟通以确认安全，影响效率还不安全，情绪稳定性水平较低；B 选项认真研读操作票，但自行思考解决有所不妥，情绪稳定性水平一般；C 选项认真研读操作票，视情况而定处理问题，情绪稳定性水平较高。

### 9.1.15　物资

去之前从来没有去过的地方配送物资，我会（　）。

A. 更加小心谨慎，但不会有不安或焦虑情绪

B. 多少有些不安和焦虑

C. 有些不安，担心意外情况的发生

样题解析：

选项 A 面对压力更加谨慎且不会有不安情绪，说明情绪稳定性水平较

高；B 选项有些不安和焦虑，情绪稳定性水平一般；C 选项有些不安，担心意外情况的发生，情绪稳定性水平较低。

## 9.2 他评部分

### 9.2.1 安全心理边缘素质

（一）是否有应激事件

总：近一年、半年、一个月或一周内，该员工出了事故，或者目睹了事故的发生，或者家里出事了，看上去心不在焉，已经影响到了工作。

分：

(1) 近 3 个月内，该员工有亲人离世

(2) 近 1 个月内，该员工离婚/分手了

(3) 近一周内，该员工知道自己的亲朋好友患上了重病

(4) 近半年内，该员工自己发生了意外（比如发生了车祸或目睹了车祸）

样题解析：

本题考察了员工是否经历过应激事件。

应激性生活事件是指在生活中，需要作适应性改变的任何环境变故，如改变居住地点，入学或毕业，改换工作或失业，及家庭重要成员的离别、出生和亡故。这类事件可能是致病的必要条件之一，并可提示起病的时间。

本题以如“亲人离世、离婚/分手、亲朋好友患上了重病、自己发生了意外”等的描述，将受测员工置身于一个应激事件的冲击中，被负性情

绪所包围，强行出工会影响工作质量，甚至发生安全事故，建议不予出工。

（二）生理指标

（1）该员工今天眼神涣散不聚焦

（2）该员工今天脸色特别白/红/乌

（3）该员工今天手脚不便（有伤）

（4）该员工今天有四肢颤抖的情况

（5）该员工今天身体比较浮肿

（6）该员工今天正在重感冒中

（7）该员工今天慢性疾病发作了（胃炎、哮喘等）

（8）该员工今天急性病发作（各种原因的腹痛，过敏，食物中毒）

（9）该员工今天呼吸不顺畅，大口喘气

（10）该员工今天说自己头疼

（11）该员工看上去像是要中暑了

样题解析：

人体生理指标是衡量健康与否的重要标准，其内容包括体温、心率、血压等。如正常体温36~37摄氏度，正常心率60~100次/分钟等。

本题以如“眼神涣散不聚焦、脸色特别白/红/乌、手脚不便（有伤）、四肢颤抖、身体比较浮肿、重感冒慢性疾病发作（胃炎、哮喘等）、急性病发作（各种原因的腹痛，过敏，食物中毒）、呼吸不顺畅，大口喘气、头疼、中暑”等的描述，展现了影响受测员工正常上工的相关生理指标，若出现上述症状，强行出工会影响工作质量，甚至发生安全事故，建议不予出工。

（三）物质滥用

（1）该员工有很强的烟瘾，每天都要抽很多根烟

（2）该员工有酗酒的习惯，看上去昨夜像是喝多了/喝了酒来上工

（3）该员工有吃安眠药的习惯

（4）该员工有皮下注射药物的习惯

样题解析：

物质滥用是指违反社会常规或与公认的医疗实践不相关或不一致地间断或持续过度使用精神活性物质的现象。这种滥用远非尝试性使用、社会娱乐或随处境需要的使用，而是逐渐转入强化性的使用状态，从而导致依赖的形成。

本题以如“烟瘾、酗酒、吃安眠药、皮下注射药物”等的描述，展现了影响受测员工正常上工的相关物质滥用情况，若出现上述现象，强行出工会影响工作质量，甚至发生安全事故，建议不予出工。

### （四）工作失误频率

（1）该员工曾经上工出现过失误

（2）该员工曾经上工的时候有危险的行为，但被发现并及时制止了

（3）该员工曾经在和同事一起上工时，目睹过同事有危险行为

样题解析：

工作失误频率是指一定时间内，工作出现错误的次数。

本题以如“出现过失误、有危险的行为，但被发现并及时制止，目睹过同事有危险行为”等的描述，展现了受测员工可能出现工作失误的相关情况，若出现上述现象，强行出工会影响工作质量，甚至发生安全事故，建议做出相应调整后再出工。

### （五）安全知识技能水平

（1）该员工对机器的操作并不那么熟悉

（2）该员工对工具的使用并不那么熟悉

（3）该员工对工作场地仍然感到陌生

（4）该员工对一些既定的动作还不熟练

样题解析：

安全知识技能水平是指对于相关安全常识、面临危险事件时的自我保护技能的认识、了解与掌握。

本题以如“对机器的操作并不那么熟悉，对工具的使用并不那么熟悉，对工作场地仍然感到陌生，对一些既定的动作还不熟练，对于上工所

需的所有技能并未完全掌握，从事此工作的工龄很长 \ 刚刚从事此工作”等的描述，展现了受测员工在安全知识技能水平上的不同表现，若出现上述现象，强行出工会影响工作质量，甚至发生安全事故，建议做出相应调整后再出工。

（六）人际关系

(1) 该员工无法与工友打成一片，沟通能力差

(2) 没有帮助工友的行为

(3) 经常与周围的人发生冲突

样题解析：

人际关系就是人们在生产或生活活动过程中所建立的一种社会关系。这种关系会对人们的心理产生影响，会在人的心理上形成某种距离感。

本题以如“无法与工友打成一片，沟通能力差，没有帮助工友的行为，经常与周围的人发生冲突”等的描述，展现了受测员工在人际关系上的不同表现，若出现上述现象，强行出工会影响工作质量，甚至发生安全事故，建议做出相应调整后再出工。

（七）习惯性动作

该员工有一些危险性的习惯（比如看到绳子就想勒自己的脖子）

样题解析：

习惯性动作是指无意识情况下，经常出现的行为方式。

本题以如“危险性的习惯（比如看到绳子就想勒自己的脖子）”等的描述，展现了影响受测员工正常上工的相关习惯性动作，若出现上述现象，强行出工会影响工作质量，甚至发生安全事故，建议做出相应调整后再出工。

### 9.2.2 安全意识

（一）安全理念

(1) 该员工曾经存在不遵守国家有关安全文明生产法律、法规及公司的规章制度的情况

(2) 该员工对于参加安全生产和各项活动并不支持

（3）该员工之前存在上班期间不严格执行设备操作规程和冒险蛮干的情况

（4）该员工不爱护且故意破坏工作使用设备、机器、工具及个人防护用品

（5）该员工对安全知识储备十分匮乏

（6）该员工对工作中因人的疏忽而造成的危险毫不在意

（7）该员工曾存在不服从企业组织的相关安全管理的情况

样题解析：

安全理念也叫安全价值观，是在安全方面衡量对与错、好与坏的最基本的道德规范和思想，对于企业来说它是一套系统，应当包括核心安全理念、安全方针、安全使命、安全原则以及安全愿景、安全目标等内容。

本题以如“不遵守国家有关安全文明生产法律、法规及公司的规章制度，不支持参加安全生产和各项活动，上班期间不严格执行设备操作规程和冒险蛮干、不爱护且故意破坏工作使用设备、机器、工具及个人防护用品，对安全知识储备十分匮乏，对工作中因人的疏忽而造成的危险毫不在意，不服从企业组织的相关安全管理”等的描述，展现了影响受测员工正常上工的相关安全理念，若出现上述现象，强行出工会影响工作质量，甚至发生安全事故，建议做出相应调整后再出工。

（二）应急预案熟悉程度

（1）该员工不清楚工作中可能发生的各类突发事件

（2）该员工不清楚应对突发事件应该采取的应急措施

（3）该员工未参与过应急预案的相关培训

（4）该员工不知道如何有效实施之前制定的应急预案

（5）该员工不知道如何使用相关的应急设备设施

（6）该员工不知道突发事件发生时可以寻求哪些人的支援

样题解析：

应急预案指的是指针对可能发生的事故，为迅速、有序地开展应急行动而预先制定的行动方案。应急预案熟悉程度则指的是对于应急预案的熟

悉程度。

本题以如“不清楚工作中可能发生的各类突发事件，不清楚应对突发事件应该采取的应急措施，未参与过应急预案的相关培训，不知道如何有效实施之前制定的应急预案，不知道如何使用相关的应急设备设施，不知道突发事件发生时可以寻求哪些人的支援”等的描述，展现了受测员工不熟悉相关应急预案的情况，若出现上述现象，强行出工会影响工作质量，甚至发生安全事故，建议做出相应调整后再出工。

### 9.2.3 安全执行力

#### （一）技能掌握程度

（1）工作熟悉程度。

1）该员工对于自己的岗位职责不了解

2）今天即将上工的工作内容该员工此前并未接触过

3）该员工没有独立完成上工任务的经历

4）该员工上一次上工未完成工作任务

5）该员工上次操作未按时完成

6）该员工不具备这个岗位所要求必须具备的安全生产能力

样题解析：

工作熟悉程度指的是对于工作的开展、进程、岗位职责等方面的熟悉程度。

本题以如“对于自己的岗位职责不了解，即将上工的工作内容该员工此前并未接触过，没有独立完成上工任务的经历，上一次上工未完成工作任务，上次操作未按时完成，不具备这个岗位所要求必须具备的安全生产能力”等的描述，展现了受测员工不熟悉相关工作的情况，若出现上述现象，强行出工会影响工作质量，甚至发生安全事故，建议做出相应调整后再出工。

（2）动作细致程度。

1）上一次上工该员工马虎了事

2）该员工做事粗心大意

样题解析：

动作细致程度指的是在计划、开展工作的过程中表现出的认真、仔细的程度。本题以如“上一次上工马虎了事，做事粗心大意”等的描述，展现了受测员工动作不细致的情况，若出现上述现象，强行出工会影响工作质量，甚至发生安全事故，建议做出相应调整后再出工。

（3）工作规范性。

1）上一次上工过程中该员工行为不规范

2）上一次上工过程中该员工行为不符合行业内做法

3）该员工在上次操作时，是按照自身岗位的具体要求来进行的

样题解析：

工作规范性是指任职者具备胜任该项工作必须具备的资格与条件。工作规范说明了一项工作对任职者在教育程度、工作经验、知识、技能、体能和个性特征方面的最低要求。工作规范是工作说明书的重要组成部分。

本题以如“上一次上工过程中行为不规范，上一次上工过程中行为不符合行业内做法”等的描述，展现了受测员工工作规范性的具体情况，若出现上述现象，强行出工会影响工作质量，甚至发生安全事故，建议做出相应调整后再出工。

（4）反应速度。

1）面对工作突发状况，该员工处理不好

2）面对工作突发状况，该员工表现慌乱

3）一次危险或者紧急情况出现时，该员工未能够自行处理或者报告上级，造成生产损失

4）该员工不具备在别人出现危机情况时，给予帮助或者解决办法

样题解析：

反应速度是指人体对各种信号刺激（声、光、触等）快速应答的能力。

本题以如“处理不了工作的突发状况，工作的突发状况使该员工表现

慌乱，出现紧急或危险情况不能自行处理或者报告上级，不具备在别人出现危机情况时给予帮助或者解决办法”等的描述，展现了反应速度对于受测员工正常上工的影响，若出现上述现象，强行出工会影响工作质量，甚至发生安全事故，建议做出相应调整后再出工。

（5）手眼协调性。

1）该员工在上次操作时，手脚不协调

2）该员工在做事的时候常常手眼跟不上节奏

样题解析：

手眼协调性是指手和眼的协作配合能力。

本题以如“在上次操作时，手脚不协调，在做事的时候，常常手眼跟不上节奏”等的描述，展现了手眼协调性对于受测员工正常上工的影响，若出现上述现象，强行出工会影响工作质量，甚至发生安全事故，建议做出相应调整后再出工。

（二）技能更新程度

（1）参加培训情况。

1）该员工一个月内未参加行业相关培训（后期访谈根据具体情况加以修改）

2）在以往与岗位相关或者各种技能培训中，该员工表现不积极

3）该员工认为自己水平可以，不用参加培训

4）在上一次与岗位相关技能的培训中，该员工出现无故请假情况

样题解析：

参加培训情况是指员工参加的相关增长知识、提高自身技能的讲座、活动等。

本题以如“一个月内未参加行业相关培训、在以往与岗位相关或者员工技能培训中，表现不积极，认为自己水平可以，不用参加培训，在上一次与岗位相关技能的培训中，该员工出现无故请假情况”等的描述，展现了受测员工参加培训的相关情况，若出现上述现象，强行出工会影响工作质量，甚至发生安全事故，建议做出相应调整后再出工。

（2）自我操练情况。

1）相比较一年前/一段时间前，该员工的操作水平没有提高

2）该员工一个月内参加行业相关培训但未通过考试

3）该员工私下没有通过看书或者上网等途径来学习知识的现象，比如各种仪器的操作标准等

样题解析：

自我操练情况是指员工对于与岗位相关的操作的练习情况。

本题以如“一年前/一段时间前，操作水平没有提高，一个月内参加培训但未通过考试，没有通过看书或者上网等途径来学习知识”等的描述，展现了受测员工自我操练的相关情况，若出现上述现象，强行出工会影响工作质量，甚至发生安全事故，建议做出相应调整后再出工。

（三）工能匹配

（1）工能内容匹配。

1）今天即将上工的内容不属于该员工之前负责的范畴

2）该员工之前未做过一样或者基本相同的工作内容

样题解析：

工能内容匹配是指自身能力与工作内容相匹配。

本题以如“上工的内容不属于之前负责的范畴，之前未做过一样或者基本相同的工作内容”等的描述，展现了受测员工工能内容匹配的相关情况，若出现上述现象，强行出工会影响工作质量，甚至发生安全事故，建议做出相应调整后再出工。

（2）工能水平匹配。

今天工作所需要的全部技能或者能力，该员工不具备

样题解析：

工能水平匹配是指自身能力与工作内容相匹配的程度。

本题以如“工作所需要的全部技能或者能力，该员工不具备”等的描述，展现了受测员工工能水平匹配的相关情况，若出现上述现象，强行出工会影响工作质量，甚至发生安全事故，建议做出相应调整后再出工。

（四）工作心态

（1）情绪稳定性。

1）焦虑：该员工今天在处理一些事情的时候表现出了一种慌张、无法沉着应对意外事件的表现

2）敌对：今天该员工脸上表现出了一种异常愤怒或是面部表情扭曲到非自然状态的情况

3）恐怖：今天该员工似乎对即将进行的操作和工作有些畏首畏尾，仿佛在害怕什么

4）抑郁：今天该员工似乎表现的过于沉闷，一反常态的不怎么说话，即使主动跟该员工说话，该员工也是偶尔应一声

5）负罪感：今天该员工总是跟别人说“对不起”或是“这都是我的错”这样的言论，表现出自己是一切不好事情的罪魁祸首

6）疑心病：该员工今天突然对什么都很怀疑，比如说对工友的话总是不太赞成，对即将上工的工具准备确认再三，并且总是声称“自己总觉得哪方面还是有问题的”

7）强迫：该员工今天反反复复地做同一件事或是说同一句话，表现出一种不做一件事情就极其不舒服的样子

样题解析：

情绪稳定性是指人的情绪状态随外界（或内部）条件变化而产生波动的情况。一些情绪较为稳定的人不易为一般情景引起强烈的情绪反应，或引起的情绪反应较为缓慢。如当遇到事业成败等重大生活事件时，较易控制自己的情绪。情绪不稳定的人对事件的发生则容易引起情绪反应，生活琐碎小事也可招致强烈情绪变化。

本题以如“焦虑、敌对、恐怖、抑郁、负罪感、疑心病、强迫”等的描述，展现了情绪稳定性对受测员工正常上工的影响，若出现上述现象，强行出工会影响工作质量，甚至发生安全事故，建议做出相应调整后再出工。

（2）压力承受。

1）今天该员工在面对并不熟悉的情况时，眼神闪烁，面色出现潮红

或者惨白，并且额头发汗

2）今天该员工同时操作两个及两个以上的工具时，表现得不冷静，行为上手忙脚乱

3）预定的时间快要到了，该员工表现得手忙脚乱，容易急躁发火

4）今天该员工表现得特别的敏感，经常自己待在一边不和别人交流，但是又表现非常易怒

样题解析：

压力承受力是个体对学习、生活、工作引起的心理压力和负性情绪的承受与调节的能力，主要是对逆境的适应力、容忍力、耐力、战胜力的强弱。

本题以如“面对并不熟悉的情况，同时操作两个及两个以上的工具，预定的时间快要到了，表现得特别的敏感”等的描述，展现了受测员工在面临压力时的具体表现，若出现上述现象，强行出工会影响工作质量，甚至发生安全事故，建议做出相应调整后再出工。

（3）焦虑性。

1）今天该员工表现得过度兴奋，经常不由自主地大口呼气，双手发抖，一直出汗

2）今天该员工双眉紧锁、姿态僵硬且出现无法静坐，反复徘徊等不自然动作

3）今天当该员工得知要去上工的时候，出现面色潮红或者惨白，全身发抖

焦虑是对亲人或自己生命安全、前途命运等的过度担心而产生的一种烦躁情绪。其中含有着急、挂念、忧愁、紧张、恐慌、不安等成分，它与危急情况和难以预测、难以应付的事件有关。

本题以如“过度兴奋，经常不由自主地大口呼气，双手发抖，一直出汗，姿态僵硬且出现无法静坐，反复徘徊等不自然动作，面色潮红或者惨白，全身发抖”等的描述，展现了受测员工在焦虑时的具体表现，若出现上述现象，强行出工会影响工作质量，甚至发生安全事故，建议做出相应

调整后再出工。

（4）自卑感。

1）该员工今天表现得特别的畏缩害怕，对什么事情都不敢主动上前参与

2）今天该员工对别人的语言行为非常敏感，总觉得别人话中有话矛头指向自己，为一件小事或一句话吵架

自卑感是指在和别人比较时，由于低估自己而产生的情绪体验。严重自卑感是心理上的一种缺陷。奥地利心理学家阿德勒认为，人从幼儿时期起，由于无力、无能和无知，必须依附父母和周围世界，就会发生一定的自卑感。

本题以如“特别的畏缩害怕，对什么事情都不敢主动上前参与、对别人的语言行为非常敏感”等的描述，展现了自卑感对于受测员工的影响，若出现上述现象，强行出工会影响工作质量，甚至发生安全事故，建议做出相应调整后再出工。

# 附录　电力安全心理测试1000题（节选）

## 1. 心理承受能力

1.1　在公司工作的过程中，尽管经历过很多的挫折，但我仍会（　）。

A. 每一次经历挫折都像是消耗掉了所有的精力，得经过很长一段时间才能有所恢复

B. 常和同事们讨论工作中的一些问题，并且一起想过解决的方法

C. 通过不断的实践，听取他人的意见渡过难关

1.2　当我在修理设备之前，组长告诉我今天必须要修好，而当我到了现场之后发现事故发生得有些严重，可能只有百分之五十的可能性能够修好，我会选择（　）。

A. 如果条件允许就继续工作，如果实在不行，即使压力大也选择第二天完成

B. 视具体情况而定，但是能在当天修好就不拖延

C. 联系组长告知其情况，并且尽全力修理，即使有些风险

1.3　这几天我一直经历着一些痛苦的事情，比如说下雨被车了溅了一身水，工作的时候因为某个小问题被点名批评，我会（　）。

A. 感到遇到的问题仿佛是天注定的一样，苦恼总是一直存在

B. 跟朋友诉说自己的遭遇，但有时候并不能得到很好的缓解

C. 主动采取各种解压方法，将负面情绪及时化解

1.4　前几天上工的时候，因为犯了一些小小的错误而被班组长以很严厉的方式批评了，这几天同样要进行相关的活动，我会（　）。

A. 感觉自己很难集中注意力于当前的事情了，因为之前的事情给自己留下了阴影

B. 心中还是会时不时地回想起班组长的训斥，行动的时候异常地小心谨慎

C. 吸取教训，认真地做好本职工作，尽快回归工作常态

1.5　我的组长因为一些误会而错怪了我，我会（　）。

A. 班组长的评价不正确，但是我又不能说出来，压抑难受的时候我会私下说他的小话

B. 努力站在班组长的角度去理解他，有则改之无则加勉，不卑不亢，继续努力工作

C. 私下以恰当的方式与班组长进行沟通，争取能够和组长相互理解，且更加努力的工作

**2. 意志力**

2.1　医生让本爱吃甜食的我在一个月内尽可能少地摄入糖分，我会（　）。

A. 听从医嘱，不碰任何甜食且严格限制自己糖分的摄入

B. 有所限制，但偶尔也可少吃一点甜食，适当地犒赏一下自己

C. 活在当下，还有很多办法消耗糖分，选择先吃甜食再看情况

2.2　已经明确了今天要完成几个目标，并且每个目标都设置了相应的足够的时长，我会（　）。

A. 既然设定了计划，就要按照计划来行事，坚信自己一定有能力完成

B. 计划像路标，指引自己前行的方向，结果另说，但过程需尽力

C. 计划大体完成就好，毕竟计划和实际间有一定的变数，存在着差距

2.3　因为今天要去例行上工，所以很清楚自己的作业任务。一些很重且暂时不需要用到的工具，我会（　）。

A. 依然全部携带，万一有什么差错，也来得及补救

B. 依照经验及已知安排，仅携带必要的工具，其他如果需要用的话，找同伴借用

C. 果断不带，很多东西都是规章制度上的死规定，其实不需要都带着，也并没有什么用

2.4 睡前突然得知第二天要上早工，但一些相关的东西自己还没有进行准备，此时我会（ ）。

A. 起床把要准备的东西先准备好，以防止明天早上起的急，忘记重要的事情

B. 既然明早要早起，还是早点休息，明天早上起来再准备

C. 即使有些没有准备好，反正上工的同伴都会带上，到时候再借用就好

2.5 我最近因为上工而受伤了，我会（ ）。

A. 虽然受伤了，但只是点皮外伤，没什么大碍，继续照常上工

B. 因伤请假，充分休息恢复，以免影响日后的工作效率，得不偿失

C. 受伤了当然要休息，不能上工了，虽然不是什么大事，但心里想起还是有些后怕

**3. 侥幸心理**

3.1 有一件事需要自己花十分力去做，我会（ ）。

A. 全力以赴，认为工作所需的劳动都是必要的

B. 先尝试着做做，说不定自己能找到省力的捷径

C. 同事间分享交流经验，力求找到省力的方法

3.2 自己偶然发明了一种巧妙，但存在着一定风险的操作方法，我会（ ）。

A. 不拿自己的安全开玩笑，宁愿用安全系数比较高的“笨”办法

B. 与同事商量，他们用我就用

C. 频繁地使用，不用白不用

3.3 大夏天，穿着厚重的防护工具的我觉得热得受不了，我会（ ）。

A. 觉得年年夏季如此，忍忍就好，且将注意力转移到手头正处理的工作中，专心做事

B. 见机行事，如果看到有同事脱下了，自己也脱下

C. 偷偷脱掉防护工具，偶尔一次不穿没什么的

3.4　天气预报说第二天下雨的概率是百分之五十，我会（　）。

A. 带把伞，以防万一淋雨

B. 在带伞与不带伞之间反复纠结，难以决定

C. 不在意，不带伞，只有一半概率下雨，等下雨再说

3.5　当下需要处理的操作，按规章要求戴手套。但操作前，我忽然发现手套有些破损，我会（　）。

A. 暂停工作，直至将一副好的安全手套戴上再继续

B. 带着该手套工作，认为没什么大问题

C. 我认为这份工作没那么危险，于是直接脱掉手套，空手工作

**4. 麻痹心理**

4.1　面对大多数人都认同的作业方法，我会（　）。

A. 仔细分析是否符合安全规定，是否与当时的作业情境匹配，不盲目跟从他人想法

B. 虽然大家都认同，但我还是会按照自己认为对的方法去做

C. 大家都觉得对，那肯定是有他们的道理的，照做就行了

4.2　当工友在工作中有轻微的违章行为时，我会（　）。

A. 立即制止他的违章行为，向他说明这样做的危险

B. 这一次就算了，免得影响同事的工作，以后提醒他不要这么做了

C. 轻微的违章行为大家都会有的，不影响作业就行了，无所谓

4.3　在电网工作的时间长了，对于他人的习惯性违章，认为这种情况是（　）。

A. 错误的，我坚决不干，也要强硬制止他人的此类行为

B. 这是正常的，别人怎么干我不管，但我自己还是会尽量按规范作业

C. 这都是正常的，有时赶时间我也会这样

4.4　有两条回家的路，第一条设置了“禁止通行”的安全告示但可以让你很快到家，第二条很安全但需要绕大半天才能到家，我会选择（　）。

A. 第二条路

B. 抓阄选一条路走

C. 第一条路

4.5 对于自己今后的工作，我认为（ ）。

A. 不管经验是否丰富，学习作业规范、安全知识都是很有必要的

B. 实际操作能力才是最重要的，自己还需要学习一些作业知识，提高作业能力

C. 自己作业经验很丰富，不需要再去额外花时间学习安全作业知识，这些知识够用就行了

### 5. 冒险心理

5.1 当我上工时，发现忘了携带某个所需的安全工具，我会（ ）。

A. 依旧工作，今天工作的内容我很熟悉，危险是不会发生的

B. 先做一些没风险的工作，有风险的就不做

C. 准备好安全工具，再开工

5.2 当作业监护人迟迟未到位，然而任务又很紧急时，我会（ ）。

A. 自己在作业时留意问题，抓紧时间完成工作

B. 如果作业的危险性较低，就不一定要等监护人在，再开始作业

C. 等待监护人到位再开始工作

5.3 当发现在不知情的情况下，自己多次违反了安全规范但成功完成作业时，我会（ ）。

A. 认为有时候条条框框都是纸上谈兵的东西，在实际工作中没必要考虑太多

B. 认为实际工作中违章是不可避免的，只要在大问题上遵守安全规范就行了

C. 认为这次真是上天的眷顾，以后严格避免

5.4 如遇到紧急情况，我会倾向于（ ）。

A. 时间紧急，直接采取以前用过而又可行的方法

B. 来不及跟别人商量，自己分析问题，用自己觉得好的方法去解决

C. 与班组长或其他工友商量，听取多方意见，采用最优方案解决，方

便及时处理

5.5 正在进行危险工作时来电话了，我会（　）。

A. 接电话，只要不影响工作

B. 看打电话的人是谁，可能会接

C. 不管是谁，都不接

**6. 紧张心理**

6.1 上班高峰期地铁在进行全面安检，导致有大量乘客排队滞留，大家纷纷表示安检太耽误时间，如果我是负责人，我会（　）。

A. 开辟出一条小包/无包乘客的快速通道来

B. 用喇叭安抚大家的情绪，让大家不要拥挤，保证人身安全

C. 不知道如何处理更好，征求上级的意见

6.2 单位进行人事调整，我觉得自己适合 A，但是领导把我调到了 B，我会（　）。

A. 先去 B 工作，再看自己是不是也适合 B

B. 觉得自己不能胜任 B，希望领导找更适合的人去 B

C. 听从领导的安排，领导怎么说就怎么做

6.3 某市营业厅的门口排起了很长的队，但由于施工人员的失误，把营业厅的电线挖断导致营业厅停电了，此时我是施工队的负责人，我会（　）。

A. 先采取应急措施使营业厅能正常营业，再继续进行检修

B. 虽然心里有些着急，但我还是会克制自己的情绪，向上级报告，请求派遣更多的熟练工人来进行快速的检修

C. 不知道怎么向营业厅解释，干脆不管了，继续指挥原有的检修工作

6.4 美好的星期天，我和家人们一起在外郊游，突然单位给我打电话，我会觉得（　）。

A. 先接电话，工作重要，何况自己已经做好了随时去工作岗位的准备

B. 虽然觉得突然，但还是接电话，看是不是出了什么急事，自己可以赶去支援

C. 不想接电话，又要出紧急任务了，自己都没准备好，没把握

6.5　连续三天都没有接到任何任务，此时我想（　）。

A. 太好了，说明没有出什么事故，非常好

B. 这份工资是不是拿的太轻松了，感到一丝丝内疚

C. 完了完了，我是不是做错了什么，不再需要我出任务了